黄河流域灌溉试验发展及典型试验站建设分析

王军涛　张会敏　等 著

U0268691

黄 河 水 利 出 版 社

·郑　州·

内容提要

黄河流域(片)现有50余座灌溉试验站,其中大部分试验站正处于建设或规划建设阶段。针对黄河流域灌溉试验站发展中存在的问题,本书在介绍黄河流域灌溉发展和灌溉试验发展的基础上,以黄河流域中心站、小开河灌溉试验重点站为典型,介绍了灌溉试验站工作任务、站址选择、总体布局、基础设施、仪器设备等。

本书可供相关省区灌溉试验站管理及建设人员参考。

图书在版编目(CIP)数据

黄河流域灌溉试验发展及典型试验站建设分析/王军涛,张会敏,傅建国著. —郑州:黄河水利出版社,2020.1
ISBN 978 - 7 - 5509 - 2587 - 8

Ⅰ.①黄…　Ⅱ.①王…②张…③傅…　Ⅲ.①黄河流域 – 灌溉试验　Ⅳ.①S274

中国版本图书馆 CIP 数据核字(2020)第 017768 号

策划编辑:岳晓娟　电话:0371 – 66020903　E-mail:2250150882@ qq. com

出　版　社:黄河水利出版社
　　　　　地址:河南省郑州市顺河路黄委会综合楼14层　邮政编码:450003
发行单位:黄河水利出版社
　　　　　发行部电话:0371 – 66026940、66020550、66028024、66022620(传真)
　　　　　E-mail:hhslcbs@ 126. com
承印单位:河南瑞之光印刷股份有限公司
开本:850 mm×1 168 mm　1/32
印张:5.625
字数:150 千字
版次:2020 年 1 月第 1 版　　　　印次:2020 年 1 月第 1 次印刷
定价:40.00 元

前　言

中华人民共和国成立以来,伴随着黄河流域灌溉事业的快速发展,流域范围内开展了丰富的灌溉试验研究工作,获得了大量第一手阶段性观测资料,取得了一大批阶段性灌溉试验成果,在农田水利工程规划、设计、建设与管理、灌溉用水管理和水资源管理中发挥了重要作用。然而,由于各种原因造成现阶段灌溉试验站的发展陷入困境。

随着黄河流域社会经济的快速发展,灌溉事业发展也进入了新的阶段,水资源集约利用成为主流,灌区现代化进程不断加快,农作物品种不断更新换代,灌溉技术日新月异,这些都使得农田灌排及管理模式正在经历深刻的变化,也使得现有的灌溉试验工作远远不能适应新形势的要求。

为了加强全国灌溉试验站网建设,尽快扭转灌溉试验工作严重滞后的局面,2012年水利部部署了全国灌溉试验站网建设工作,并于2015年6月印发了《全国灌溉试验站网建设规划》,规划总结了我国灌溉试验工作的发展历程、现状、成效和存在问题,提出了未来一段时期我国灌溉试验站网建设的指导思想、基本原则和主要任务,开展了站网合理化布局以及设施设备、信息化等的配置研究,提出了站网良性运行的管理体制、运行机制和建设保障措施。之后,黄河流域(片)灌溉试验站的发展也进入了新的阶段。

为更好地指导试验站建设的发展,作者开展了大量调研,针对部分试验站发展目标不清、试验站特色任务不明确、建设规模与建设任务与工作任务不衔接等建设和发展中存在的问题进行了梳理,分别以黄河流域中心站、小开河灌溉试验重点站为典型,开展了试验站工作任务、站址选择、总体布局、基础设施、仪器设备等的详细分析。

本书由黄河水利科学研究院王军涛负责全书统稿,具体编写人员及分工如下:黄河水利科学研究院王军涛撰写第二章、第三章,共计约9万字;黄河水利科学研究院张会敏撰写第一章、第四章,共计约3万字;滨州市引黄灌溉管理服务中心傅建国撰写第四章、第五章,共计约3万字。

由于时间和专业技术水平有限,书中难免有错漏之处,敬请读者不吝指教。

作　者

2019 年 11 月

目　录

1 黄河流域农业灌溉发展概况

1.1 黄河流域概况

黄河发源于青藏高原巴颜喀拉山北麓海拔 4 500 m 的约古宗列盆地,流经青海、四川、甘肃、宁夏、内蒙古、陕西、山西、河南、山东等 9 省(区),在山东省垦利县注入渤海。黄河流域位于东经 95°53′~119°05′、北纬 32°10′~41°50′,干流河道全长 5 464 km,流域面积 79.5 万 km²(包括内流区 4.2 万 km²)。其中,河源至内蒙古托克托县的河口镇为黄河上游,干流河道长 3 472 km,流域面积 42.8 万 km²,尤其龙羊峡以上河段是黄河径流的主要来源区和水源涵养区。河口镇至河南郑州桃花峪为黄河中游,干流河道长 1 206 km,流域面积 34.4 万 km²,中游河段绝大部分支流地处黄土高原地区,暴雨集中,水土流失严重,是黄河洪水和泥沙的主要来源区。桃花峪以下为黄河下游,干流河道长 786 km,流域面积 2.3 万 km²,黄河下游现状河床高出背河地面 4~6 m,比两岸平原高出更多,成为淮河和海河流域的分水岭,是举世闻名的"地上悬河"。

黄河流域地处我国西北、华北和华中地区,区域土地资源丰富,光热资源充足,是我国重要的粮棉油生产基地、畜牧业基地和能源基地,也是西部地区乃至全国重要的生态屏障,具有十分重要的战略性和全局性地位。

黄河流域耕地资源丰富、土壤肥沃、光热资源充足,有利于小麦、玉米、棉花、花生和苹果等多种粮油和经济作物生长。上游宁蒙灌区、中游汾渭盆地以及下游沿黄平原是我国粮食、棉花、油料的主要产区。经过多年的建设,流域灌溉事业得到了长足的发展。目前,黄河流域内灌溉面积已达 9 300 余万亩(1 亩 = 1/15 hm², 下同),万亩以上灌区 700 余处,此外黄河流域外引黄灌区 3 300 多万亩。黄灌区的发展,不仅有力保障了黄河流域及沿黄地区的粮食安全,而且支撑了国家的粮食安全。

黄河流域大部分地区气候干旱,降水稀少,蒸发强烈,是以灌溉农业为主的地区。黄河流域水资源匮乏,黄河河川径流量仅占全国径流量的 2%,却承担了占全国 15% 耕地面积和 12% 人口的供水任务,流域亩均河川径流量仅为全国平均水平的 15%,人均水资源量仅为全国平均水平的 23%,水资源供需矛盾十分尖锐。

据 2000 ~ 2015 年黄河水资源公报统计,黄河流域年总取水量 497.14 亿 m³,其中农业取水量 361.30 亿 m³,占流域总取水量的 72.7%。总耗水量 389.57 亿 m³,其中农业耗水量 292.63 亿 m³,占总耗水量的 75.1%,农业用水是黄河水资源的耗用大户。但由于受水资源供需不足、长期资金投入不足、气候特征差异明显、地形地貌差异大、节水意识不强等影响,黄河流域灌溉管理方式粗放,农业用水浪费严重,用水效率低。2013 年流域节水灌溉面积仅占有效灌溉面积的 47%,流域灌溉水利用系数平均为 0.48,个别灌区只有 0.37,低于全国平均水平。同时,我国是世界上化肥、农药使用量最大的国家,而其利用率仅为 30% 左右,流失的化肥和农药造成了地表水富营养化和地下水污染。黄河流域农业面源污染严重,年面源污染入河量约 55 万 t。

此外,黄河流域综合管理相对薄弱,特别是在水资源管理"三条红线"考核的基础支撑方面,缺乏对农业用水总量、用水效率和农业面源污染入河的有效研判,造成水资源配置和调度方法仍难以满足实现精细管理与调度的需要。

1.2　黄河灌区概况

历史上黄河流域是旱灾最严重的地区之一,从公元前 1766 年到 1944 年的 3 710 年中,有历史记载的旱灾就有 1 070 次。特别是流域西北部的黄土高原地区,由于抗旱能力差,历史上更是十年九旱。因此,引水抗旱、灌溉农田具有悠久的历史。《诗经·大雅·公刘》载:"笃公刘,既溥既长,既景乃冈,相其阴阳,观其流泉,其军三单,度其隰原,彻田为粮。"夏商时期后稷的曾孙公刘,率部族从陕西今武功一带迁到彬县、旬邑一带,择地居住,开始引水灌田。战国时西门豹在当时黄河支流漳河上建引漳十二渠,成为黄河流域较早的大型引水灌溉工程;秦汉时期黄河支流上修建了郑国渠、向渠和龙首渠(陕西),黄河干流上修建了秦渠、汉渠和唐徕渠(宁夏)等,使荒漠泽卤变成"塞上江南鱼米之乡";20 世纪 30 年代,我国近代水利奠基人之一李仪祉先生在陕西省规划兴建渭惠渠、泾惠渠等大型灌区。长期实践中人们积累了丰富灌区建设和管理经验。

中华人民共和国成立后,更是进行了大规模的水利建设,不仅改造扩建了原来的老灌区,而且兴建了一批大中型灌区。1952 年河南省人民胜利渠建设,20 世纪 60 年代三盛公及青铜峡水利枢纽相继建成,陕西关中地区兴建宝鸡峡引渭灌溉工程和交口抽渭灌区,晋中地区的汾河灌区和文峪河灌区相继扩建,汾渭平原的灌溉发展进入一个新的阶段。20 世纪 70 年代,在黄河上中游地区先后兴建了甘肃景泰川灌区、宁夏固海同心灌区、山西尊村灌区等一批高扬程提水灌溉工程,使干旱高原变成了高产良田,增产效果显著。20 世纪 90 年代以来,黄河灌区大规模实施了大型灌区续建配套及节水改造工程,提高了水资源利用效率,极大地促进了节水灌溉事业的发展。

目前,黄河流域内共修建蓄水工程 19 025 座,设计供水能力 55.79 亿 m^3;引水工程 12 852 处,设计供水能力 283.51 亿 m^3;提水工程 22 338 处,设计供水能力 68.99 亿 m^3;机电井工程 60.32 万眼,供水能力 148.23 亿 m^3。

1.2.1　区域范围

黄河灌区包括流域内和流域外两部分。流域外灌区是指灌溉面积分布于流域以外但以黄河水资源作为灌溉水源的灌区,主要指黄河下游灌区。黄河下游引黄灌区在黄河下游两岸沿河道走向呈条带状分布,除少部分位于黄河支流天然文岩渠、金堤河、大汶河流域内,其余大部分位于黄河流域以外的海河流域和淮河流域。

黄河流域内灌区主要分布在黄河上游宁蒙平原、中游汾渭河盆地和伊洛沁河、黄河下游的大汶河等干、支流的川、台、盆地及平原地区,这些地区灌溉率一般在 70% 以上,有效灌溉面积占流域灌溉面积的 80% 左右。其余较为集中的地区还有青海湟水地区、甘肃中部沿黄高扬程提水地区。山区和丘陵地带灌区分布较少,耕地灌溉率为 5% ~ 15%。10 万亩以上的灌区,上游地区有 20 处,中游汾渭河盆地及黄河两岸地区有 39 处,下游地区有 25 处,有效灌溉面积分别为 130.9 万 hm^2、110.2 万 hm^2 和 40.4 万 hm^2。黄河流域内分区及各省区灌溉面积分布见表 1-1。

1.2.1.1　黄河上游灌区

黄河上游灌区主要分布在宁蒙河套平原,其次为甘肃中部沿黄高扬程提水地区,青海省的湟水地区以及黄河谷底也分布着一些黄河灌区。

表 1-1　黄河流域灌溉面积分布情况　（单位：万 hm^2）

区域、省（区）	农田有效灌溉面积	灌溉林果地	灌溉草场	合计	农田实灌面积
龙羊峡以上	1.59	0.20	1.07	2.87	1.17
龙羊峡至兰州	33.84	1.79	1.46	37.08	27.47
兰州至河口镇	152.95	15.93	8.61	177.49	137.05
上游地区小计	188.39	17.91	11.15	217.44	165.69
河口镇至龙门	19.56	0.91	1.06	21.52	16.22
龙门至三门峡	192.67	12.96	0.19	205.82	158.63
三门峡至花园口	38.28	1.42	0.02	39.71	31.78
中游地区小计	250.51	15.29	1.27	267.05	206.63
下游地区小计	72.94	3.13	0.01	76.07	61.02
内流区	5.81	0.73	3.17	9.71	4.78
青海	18.23	1.13	1.53	20.88	13.83
四川	0.03	0	0	0.03	0.02
甘肃	50.89	2.51	1.01	54.40	43.85
宁夏	44.59	7.16	0.39	52.15	41.64
内蒙古	103.92	8.73	12.39	125.03	91.39
陕西	110.20	10.41	0.09	120.69	89.90
山西	82.03	1.66	0.19	83.87	67.53
河南	74.33	2.73	0	77.06	61.81
山东	33.44	2.73	0.01	36.17	28.17
合计	523.47	37.79	18.78	579.99	442.92

　　宁夏黄河灌区位于黄河上游下河沿—石嘴山两水文站之间，沿黄河两岸地形呈"J"形带状分布，灌区总面积约 100 万 hm^2，涉及青铜峡市、永宁县、银川市、贺兰县、平罗县、陶乐县、惠农区、石嘴山市的全部及沙坡头区、中宁县、吴忠市、灵武县等 4 个县（市）的部分，计 12 个县（市）和 20 多个国营农、林、牧场。宁夏黄河灌区以青铜峡水利枢纽为界，将其分割为上游的卫宁灌区和下游的

青铜峡灌区。由于黄河河道的自然分界,卫宁灌区又划分为河北灌区和河南灌区,青铜峡灌区划分为河东灌区和河西灌区。内蒙古黄河灌区由河套灌区、黄河南岸灌区、磴口扬水灌区、民族团结灌区、麻地壕扬水灌区、滦井滩灌区及沿黄小灌区组成。地理位置位于东经106°20′~112°06′,北纬37°35′~41°18′,东西长约480 km,南北宽10~415 km,总面积约213万 hm²,涉及巴彦淖尔市、鄂尔多斯市、包头市、呼和浩特市、乌海市、阿拉善盟的17个旗(县、市、区)。河套灌区是我国特大型灌区之一,地理位置位于东经106°20′~109°19′,北纬40°19′~41°18′,东西长250余 km,南北宽约50 km。黄河南岸灌区由自流灌区、扬水灌区和井渠结合灌区组成,总面积9.3万 hm²。其中,自流灌区2.1万 hm²,扬水灌区3.6万 hm²,井渠结合灌区3.5万 hm²。甘肃省已建设大中型灌区138处,其中大型灌区5处,中型灌区133处,大中型灌区有效灌溉面积约占全省总有效灌溉面积的60.7%。大型灌区包括引大入秦、洮河2处自流灌区和景电、靖会、兴电等3处扬水灌区,其中2处自流灌区有效灌溉面积占大型灌区灌溉面积的30.8%。青海省平均海拔3 000 m以上,全年平均气温-5.6~8.5 ℃,无霜期短,现状年有效灌溉面积13.9万 hm²,为全流域灌溉面积最少的省份。青海省没有大型灌区,全省黄河流域已建设中型灌区61处,设计灌溉面积10.2万 hm²,有效灌溉面积7.7万 hm²。

1.2.1.2 黄河中游灌区

黄河中游渭河盆地具有悠久的灌溉历史。引泾灌溉,始于秦,兴于汉,盛于唐,继之宋、元、明、清各代,1932年由近代水利大师李仪祉先生在历代引泾灌溉工程的基础上主持建成了泾惠渠,灌区设计灌溉面积9.0万 hm²,有效灌溉面积9.0万 hm²;洛惠渠灌区始建于1934年,1950年开灌受益,开灌后经多次扩建改造,现状有效灌溉面积4.9万 hm²。宝鸡峡灌区位于陕西省关中西部,是一个多枢纽、引抽并举、渠库结合、长距离输水的特大型灌区,按自然地形和工程布局分为渭河阶地区(塬上)、黄河台塬区(塬下)两大灌溉系统,现状设计灌溉面积为 18.6 万 hm²。陕西省黄河灌区以大型灌区为主,共 11 处,自流灌区有宝鸡峡灌区、冯家山水库灌区、羊毛湾水库灌区、桃曲坡灌区、石头河灌区、洛惠渠灌区、黑河水库灌区等 7 处,提灌灌区有东雷一期、东雷二期、交口抽渭及泾惠渠灌区的一部分等,11 处大型灌区总计有效灌溉面积 59.5 万 hm²,占全省黄河灌区有效灌溉面积的 52.7%。

山西省黄河流域现有大中型灌区 94 处,设计灌溉面积 64.0 万 hm²。汾河灌区位于山西省中部太原盆地,灌区设计灌溉面积 10.0 万 hm²,有效灌溉面积 8.8 万 hm²,是山西省最大的自流灌区;夹马口引黄工程是黄河上兴建的第一座大型高扬程电力灌溉工程,泵站位于山西省临猗县。1958 年 7 月开工,1960 年 7 月开机上水,灌区设计灌溉面积 5.7 万 hm²。2007 年以来,山西省陆续启动实施了夹马口北扩、北赵引黄、禹门口东扩、河曲引黄、西范东扩等骨干灌溉工程建设,新增、恢复灌溉面积 10.0 万 hm²。

1.2.1.3 黄河下游灌区

黄河下游引黄灌区位于东经 113°24′~118°59′,北纬 34°12′~38°02′,横跨黄淮海平原,目前已建成万亩以上引黄灌区 98 处,其中百万亩以上特大型灌区 11 处,30 万~100 万亩的大型灌区 26 处,30 万亩以下中型灌区 61 处。引黄灌区规划总土地面积 640.76 万 hm²(河南 199.73 万 hm²、山东 441.03 万 hm²),耕地面积 384.5 万 hm²(河南 129.6 万 hm²、山东 254.9 万 hm²)。总设计灌溉面积 357.9 万 hm²(河南 121.1 万 hm²、山东 236.8 万 hm²)。有效灌溉面积 258.07 万 hm²(河南 68.73 万 hm²、山东 189.34 万 hm²)。黄河下游引黄灌区基本情况详见表1-2。黄河下游引黄

表 1-2　黄河下游引黄灌区基本情况

（单位：万 hm²）

省份	岸别	不同规模灌区数（处）				土地面积	耕地面积	设计灌溉面积			有效灌溉面积
		特大型	大型	中型	合计			正常	补源	合计	
河南	左岸	0	7	11	18	108.86	70.80	36.87	29.40	66.27	38.20
	右岸	2	1	5	8	90.87	58.80	34.00	20.87	54.87	30.53
合计		2	8	16	26	199.73	129.60	70.87	50.27	121.14	68.73
山东	左岸	6	5	13	24	261.39	150.60	116.20	22.20	138.40	128.27
	右岸	3	13	32	48	179.64	108.87	58.13	40.27	98.40	61.00
合计		9	18	45	72	441.03	259.47	174.33	62.47	236.80	189.33
黄河下游		11	26	61	98	640.76	389.07	245.20	112.74	357.94	258

灌区横跨黄河、淮河、海河三大流域,涉及河南省的焦作、新乡、郑州、开封、商丘、濮阳、鹤壁、安阳,山东省的菏泽、济宁、聊城、滨州、德州、泰安、济南、淄博、东营共 17 个市(地)86 个县(区),是我国重要的粮棉油生产基地。受益县土地总面积 9.20 万 km²。其中,黄河流域面积 1.45 万 km²,淮河流域面积 2.75 万 km²,海河流域面积 3.81 万 km²,其他流域 1.18 万 km²。

1.2.2 气象特征

黄河流域土地资源比较丰富,大部分地区气候温和,光热充足,是我国农业经济开发最早的地区。青藏高原和内蒙古高原是我国主要的畜牧业基地;上游的宁蒙河套平原、中游汾渭盆地、下游防洪保护区范围内的黄淮海平原,是我国主要的农业生产基地。

宁夏引黄灌区地处中温带干旱区,日照充足,温差较大,热量丰富,无霜期较长。灌区年均气温 8 ~ 9 ℃,作物生长季节 4 ~ 9 月 ≥10 ℃ 的积温为 3 200 ~ 3 400 ℃,不仅能满足小麦、糜子等作物的需要,喜温作物如水稻、棉花也能很好地生长。同时 ≥10 ℃ 积温的初日及终日也正好与无霜期吻合,再加上太阳辐射达 148 cal/(cm²·a),年均日照时间 2 800 ~ 3 100 h 及无霜期长达164 d,有利于作物生长。引黄灌区属大陆性气候,干旱少雨,蒸发强烈。灌区年均蒸发量 1 100 ~ 1 600 mm(E601),年均降水量 180 ~ 200 mm,降水年内分配不均,干、湿季节明显,7、8、9 三个月的雨量占全年雨量的 60% ~ 70%。虽然本区降雨稀少,但有时秋雨集中,影响夏收及秋作。主要灾害性天气为干旱,其次为霜冻、冰雹、热干风、低温、冷害等,大风、沙尘暴天气出现次数较多。

内蒙古河套灌区降水较少,蒸发强烈,风沙较大。年降水量 130 ~ 250 mm,由东向西递减;年蒸发量 2 000 ~ 2 400 mm;日照充足,一般为 3 100 ~ 3 200 h;年均气温 6 ~ 8 ℃,1 月平均气温 -12 ~ -14 ℃,7 月平均气温 22 ~ 24 ℃,昼夜温差大;≥10 ℃ 的积温 2 800 ~ 3 200 ℃;无霜期 125 ~ 145 d。风沙天气较多,全年≥8级大风的日数一般为 10 ~ 30 d,其中五原县多年平均为 30 d,是灌区的高峰区。风沙日数全年有 40 ~ 60 d,以西部地区最多,3 ~ 6 月占全年的 50% ~ 60%,每隔 4 ~ 5 d 就有一次较大的风沙天气,俗称"黄风季节"。

黄河中游关中平原,属干旱半干旱季风气候。四季分明,光照充足,年均降水量 540 mm 左右,蒸发量 1 500 mm。年日照时数 2 009 ~ 2 528.1 h,年均气温 11.5 ~ 13.6 ℃,0 ℃ 以上积温 4 250.3 ~ 5 022.9 ℃,大于 10 ℃ 积温 3 780.8 ~ 4 509.4 ℃,是关中地区热量的高值区,无霜期为 199 ~ 224 d。山西引黄灌区大部分也属半干旱季风气候。气候温和,土壤肥沃,光照充足,是传统的农业大区。年平均降水量 525 mm,日照 2 350 h,气温 13 ℃,无霜期 212 d,农业生产条件较为优越。

黄河下游引黄灌区属暖温带半湿润季风气候。年均降水量 510 ~ 790 mm,其中 6 ~ 9 月降水量占全年降水量的 65% ~ 80%,冬春季雨雪稀少,春旱现象十分普遍。降水量的总体趋势是:南部灌区高于北部灌区,沿黄河流向逐渐减少。位于最南端的开封市、商丘市所属引黄灌区,年降水量为 630 ~ 795 mm,而位于最北端的东营市所属引黄灌区年降水量为 550 ~ 590 mm。灌区多年平均蒸发量为 1 100 ~ 1 400 mm,年均气温为 12.2 ~ 14.7 ℃,日照小时数为 2 200 ~ 2 750 h。

1.2.3 河流水文

黄河水资源是流域内外灌区发展的主要依赖,受地形、气候、产流条件等因素影响,黄河水资源地区间分布很不平衡,全河水量的 55.6% 来自兰州以上地区。兰州至河口镇区间气候干燥,河道蒸发、渗漏损失较大,黄河流经该河段后,河川径流量减少了 10 亿 m³。三门峡至花园口区间虽流域面积不大,但来水量占全河水量的 10.5%,是产流较多的地区。黄河下游大部分河段为地上河,流域面积仅占全河面积的 3%,来水量占全河的 3.6%。同时,黄河径流量年际变化也较大,年内分配很不均衡,干流各主要控制站的最大年径流量与最小年径流量之比:上、中游为 3.5 ~ 4.6,下游为 4.3 ~ 9.0;年内具有夏、秋季水丰,冬、春季水枯的特性。

黄河是宁蒙引黄灌区的主要灌溉水源,据 1919 ~ 2010 年系列资料统计,下河沿水文断面多年平均径流量 299.7 亿 m^3,石嘴山水文断面多年平均径流量 276.9 亿 m^3,头道拐水文断面多年平均径流量 228.6 亿 m^3。按照 1987 年国务院批准的黄河可供水量分配方案,在南水北调工程实施前,宁夏可耗用黄河水量为 40.0 亿 m^3,内蒙古可耗用黄河水量为 58.6 亿 m^3。此外,宁蒙引黄灌区内还有部分中小河流,排泄灌区涝水、退水及流域径流,包括宁夏的清水河、苦水河,内蒙古的大黑河等。宁蒙引黄灌区当地地表径流量很小,且季节性强,基本不能利用。沿黄灌区地下水主要有降水入渗补给、山丘区山前侧向补给和地表水渗漏补给,部分地下水资源可适当利用。

黄河中游北干流河段全长 716.6 km,干流有 5 个水文站,其中头道拐站、潼关站是黄河北干流河段的入口和出口控制水文站,龙门站是大北干流和小北干流的分界水文站。据 1919 ~ 2010 年系列水文资料统计,头道拐水文断面多年平均径流量 228.6 亿 m^3,龙门水文断面多年平均径流量 285.7 亿 m^3,潼关水文断面多年平均径流量 346.9 亿 m^3(1950 ~ 2010 年)。

由于悬河地势,黄河成为下游引黄灌区的主要水源,此外引黄灌区内还有部分中小河流,除排泄灌区涝水、退水外还为灌区提供少量地表水。包括黄河支流金堤河、天然文岩渠,海河支流卫河,淮河支流贾鲁河、惠济河,南四湖入湖支流东鱼河、万福河、洙赵新河、梁济运河等,直接入海河流域的徒骇河、马颊河、德惠新河、小清河等。黄河下游从郑州桃花峪到东营入海口,黄河干流共有 7

个水文站,其中花园口站和利津站分别为黄河下游来水量及入海水量控制站,高村站为河南、山东两省分界水量控制站。根据黄河多年径流资料分析,花园口站多年平均径流量为 415.2 亿 m^3(1919 ~ 2010 年),高村站多年平均径流量为 353 亿 m^3(1951 ~ 2010 年),利津站多年平均径流量为 308.2 亿 m^3(1951 ~ 2010 年)。黄河下游引黄灌区多年平均地表水资源量为 39.5 亿 m^3,地下水资源量为 101 亿 m^3,重复计算水量为 17.2 亿 m^3,多年平均水资源量为 123 亿 m^3。

2 新时期黄河流域灌溉试验发展

2.1 黄河流域灌溉试验的发展历程

中华人民共和国成立以来,黄河流域开展了丰富的灌溉试验研究工作,获得大量第一手阶段性观测资料,取得了一大批阶段性灌溉试验成果,在农田水利工程规划、设计、建设与管理、灌溉用水管理和水资源管理中发挥了重要作用。

从20世纪50年代中期开始,甘肃、陕西、内蒙古、河南、山东等省(区、市)水利科研单位建设了灌溉试验站,结合灌区用水与农业生产发展需求,针对性地开展了主要农作物需水量、灌溉制度、适宜土壤水分控制指标和灌水技术等方面的灌溉试验研究工作,以及盐碱地改良和低产田改造的试验工作,取得了大量的研究成果。随着"文化大革命"的开始,从中央到基层,许多灌溉试验机构被撤销,设备损坏,资料散失,到70年代中后期,我国黄河流域的灌溉试验工作已基本处于停滞状态。

20世纪70年代末和80年代初,随着我国各项经济活动逐步恢复正常并进入快速发展阶段,灌溉试验工作也逐步得到恢复和发展。黄河流域各省灌溉试验工作开始迅速发展,在水电部的组织下,各省区均完成了主要作物需水规律试验,制定了不同作物的灌溉制度,协作完成了《中国主要农作物需水量等值线图研究》和《中国主要农作物需水量与灌溉》,并对试验资料进行了整理和上报。此外,各地相继完成了针对地方特点的灌溉试验任务,内蒙古开展了河套灌区的盐碱地治理和作物非充分灌溉试验研究,陕西省开展了地下水利用和灌区用水预报方面的试验研究,甘肃省开展了作物受旱试验、喷灌技术试验、地膜覆盖试验、日光温室滴灌需水量及灌溉制度试验等,宁夏开展了地下水位观测调控试验、渠道衬砌防渗抗冻胀试验、果树喷灌防霜冻试验等,为当地灌溉事业发展和水资源管理提供了技术支撑。

但从 20 世纪 90 年代初期开始,原有的中央小型农田补助经费(含灌溉试验经费)切块到地方,灌溉试验经费逐步"断炊",同时灌溉试验工作受到市场化的影响,试验任务不明、经费不足、体制不顺、队伍流失、设备老化等问题突出,灌溉试验工作步入倒退下滑的低谷期。

进入 21 世纪以来,为了应对人多、地少、水缺的严峻形势以及全球气候变化影响加大的风险,我国的农田水利转变发展方式,走内涵式节水道路,大力发展现代节水灌溉,并以提高农业水资源利用效率为依托,增加新的灌溉面积,提高灌溉保证率,从而提高灌溉面积上农产品的单产水平和高产、稳产能力,实现有限水资源的持续高效利用以及水环境的良好保护。为满足新形势下农田水利发展的需求,水利部于 2003 年 4 月召开"全国灌溉试验工作会议",确立了由总站、省级中心站、重点站组成的新时期全国灌溉试验站网体系。与全国其他省区类似,各灌溉试验站本着"边建设,边工作"的思路,参与省(区、市)灌溉用水定额编制、灌溉水利用系数的测算分析以及节水灌溉技术的普及推广等工作;并针对迫切的节水需要,开展了不同作物的多种节水技术研究,积极争取专项经费,建设站网基础设施、配套更新仪器设备,开展了灌溉用水定额、作物需水规律及非充分灌溉制度等方面的试验研究;与高校及科研单位合作,试验研究成果在生产上得到广泛的应用,取得了显著的节水、增产效果,对于新世纪以来节水灌溉的发展起到了积极的推动作用。

2.2　黄河流域灌溉试验站网概况

黄河流域(片)9省(区、兵团)灌溉试验站网体系现有52个灌溉试验站,其中包括10个流域、省级中心站,42个重点站,详见表2-1。

表2-1　黄河流域(片)灌溉试验站名录

省区、机构	站点数	类别	灌溉试验站名称
流域机构	1	流域中心站	黄河流域灌溉试验站
山西	5	中心站	山西省灌溉试验中心站
		重点站	山西运城市夹马口灌溉试验站
			山西临县湫水河灌区灌溉试验站
			山西临汾市霍泉灌溉试验站
			山西长治市漳北灌溉试验站
内蒙古	5	中心站	内蒙古灌溉试验中心站
		重点站	内蒙古锡林郭勒盟牧草灌溉试验站
			内蒙古自治区达茂旗灌溉试验站
			内蒙古长胜节水盐碱化与生态试验站
			内蒙古沙壕渠节水盐碱化与生态试验站
山东	4	中心站	山东省灌溉试验中心站
		重点站	山东省聊城市位山灌区灌溉试验站
			山东桓台县农业综合节水重点试验站
			山东小开河灌区灌溉试验站

续表 2-1

省区、机构	站点数	类别	灌溉试验站名称
河南	4	中心站	河南省灌溉试验中心站
		重点站	河南省豫东灌溉试验重点站
			河南省豫北灌溉试验重点站
			河南省豫西北灌溉试验重点站
陕西	5	中心站	陕西省中心站
		重点站	陕西泾惠渠灌溉试验站
			陕西延安灌溉试验站
			陕西宝鸡峡试验站
			陕西榆林市水土保持科学研究所
甘肃	6	中心站	甘肃省灌溉试验中心站
		重点站	甘肃张掖市节水灌溉试验研究中心
			甘肃武威市中心灌溉试验站
			甘肃省景泰川电力提灌管理局灌溉试验站
			甘肃省平凉市水利试验中心站
			甘肃天水市麦积区灌溉试验站
青海	4	中心站	青海香日德中心站
		重点站	青海刚察重点站
			青海贵德重点站
			青海乐都重点站
宁夏	4	中心站	宁夏灌溉试验中心站
		重点站	宁夏固海扬水管理处灌溉试验站
			宁夏汉延渠管理处红星试验站
			宁夏沈家河灌溉试验重点站

续表 2-1

省区、机构	站点数	类别	灌溉试验站名称
新疆	7	中心站	新疆维吾尔自治区灌溉试验中心站
		重点站	新疆阿勒泰地区重点灌溉试验站
			新疆博尔塔拉蒙古自治州重点灌溉试验站
			新疆巴州水管处重点灌溉试验站
			新疆哈密地区重点灌溉试验站
			新疆吐鲁番地区重点灌溉试验站
			新疆喀什叶河流域重点灌溉试验站
兵团	7	中心站	兵团灌溉试验中心站
		重点站	第六师五家渠市奇台灌溉试验站
			第八师炮台土壤改良试验站
			第四师益群灌溉试验站
			第一师灌溉试验站
			兵团农十四师皮墨垦区灌溉试验站
			第十三师哈密垦区灌溉试验站

注:此表摘自《全国灌溉试验站网建设规划》(水农〔2015〕239号)确定的全国灌溉试验站网名录。

2.2.1 建设年代与灌溉试验工作情况

黄河流域(片)灌溉试验站中,20世纪50年代建立的有7处,60年代建立的有3处,70年代建立的有10处,80年代建立的有9处,90年代建立的有3处,2000年以后建立的有20处。

2.2.2　组织管理情况

黄河流域(片)灌溉中心站中,内蒙古、宁夏、青海、甘肃、山东、河南及黄河水利委员会(简称黄委)共7个中心站设在水科院,山西省中心站设在汾河灌溉管理局,陕西中心站设在西北农林科技大学,新疆自治区中心站同水利管理总站为一个机构、两块牌子,新疆兵团中心站是兵团水利局的独立单位。

西北地区26个重点站中有17处试验站设在市(县、区、兵团)水利局,3处设在科研院所,6处设在灌区管理局(站);从单位性质看,23处重点站为事业单位,3处为企业。从经费来源上看,10处重点站为全额拨款单位,3处为差额拨款单位,9处为自收自支单位,4处为灌区水费单位。

2.2.3　设备与人员

黄河流域(片)灌溉试验站共有试验场地面积约27 400亩,办公及附属用房面积50 900 m^2,现有人员580人,在编职工437人,其中专业技术人员389人,专科以上学历人员363人,中高级技术人员262人,男职工364人。有专有试验场地10 317.8亩,其中灌排设施完善配套5 598.7亩,防雨设施6处(电动2处,手动4处),面积3 880 m^2,有底测坑6处75个,无底测坑12处248个,建设标准气象站9处,简易气象站22处,土壤水分测定仪器33套,作物水分生理状况测定仪器26套,土壤物理状况测定仪器25套,量测水专用设备72套,综合实验室面积3 618 m^2,达标面积838 m^2。

2.3　灌溉试验取得的成效

黄河流域灌溉试验站经历了较长的发展过程,取得了大量的灌溉试验数据和丰硕的灌溉科研成果。建成了充分灌溉条件下的灌溉试验资料数据库,制定了不同区域主要农作物的灌溉定额,建立了主要农作物水分生产函数,补充丰富了节水灌溉的理论基础,不仅为水利工程规划设计、水资源评价和优化配置、农田灌溉排水等提供了科学依据,同时在生产中得到广泛的推广应用,取得了显著的经济效益和社会效益,为黄河流域灌溉工程规划设计、灌溉用水科学管理和粮食增产发挥了重要作用。灌溉试验站建设的主要成效有以下几点。

2.3.1　积累了大量试验资料,取得了丰硕成果

2.3.1.1　取得了作物需水量及灌溉用水量的研究成果

完成了黄河流域主要粮食作物和经济作物的需水量及灌溉用水量评价等工作,包括山西省的冬小麦、春玉米、马铃薯、花生、黄豆等,内蒙古的小麦、玉米、大豆、水稻、人工牧草、甜菜、马铃薯、蔬菜等,山东的冬小麦、夏玉米、棉花等,河南的冬小麦、夏玉米、水稻等、棉花、旱种水稻等,陕西省的冬小麦、夏玉米、苹果等,甘肃的小麦、玉米、棉花、番茄、葡萄、马铃薯、辣椒等,宁夏的春小麦、玉米、黄豆、麦套玉米、麦套黄豆、水稻等,新疆及兵团的小麦、棉花、玉米、苜蓿、哈密瓜、甜菜等。这些研究成果为农田水利规划、水资源规划管理、农业区划及作物布局等提供了很好的参考依据,为灌区规划、用水管理等部门提供基础资料和依据。

2.3.1.2　取得了关键灌水时期与节水灌溉制度的研究成果

从 1983 年开始,在水利部农水司的直接领导下,由水利部农田灌溉研究所牵头,全国各省、市、自治区的水利科学研究部门及部分高等院校参加,在灌溉试验站开展了大量的试验研究,最终历时 8 年实施了全国协作项目“全国主要农作物需水量等值线图的研究”,使我国灌溉试验研究工作进入了一个新的阶段。

山西省先后完成了“山西省主要农作物需水量与灌溉制度”

"山西省间作套种组合种植作物需水量与灌溉制度研究""山西省水稻节水灌溉技术研究试验"等相关项目,出版形成了《山西省主要作物需水量等值线图》《山西省农业节水理论与作物种植模式》等著作。

内蒙古自治区分别在巴盟、乌盟、赤峰市、哲里木盟完成了主要粮食作物和经济作物的需水量试验研究,进一步开展了"内蒙古阿左旗荒漠区滴灌示范区建设与研究"等相关试验工作,研究制定了不同作物的灌溉制度,形成了内蒙古自治区主要作物灌溉制度与需水量等值线图等研究成果。

山东省在"六五"期间确定了主要农作物冬小麦、夏玉米、棉花等作物的需水量、需水规律、灌溉制度和地面灌水技术,"七五"期间进行了主要农作物的非充分灌溉制度的试验、节水灌水技术试验研究,"八五"期间主要进行了综合节水措施的试验研究,"九五"以来主要开展以高效用水为核心的大规模、多学科的农业节水研究工作。

河南省在完成主要作物需水规律和灌溉制度试验的基础上,开展了灌溉水分生产函数、灌溉预报等方面的试验研究,得到了冬小麦、夏玉米、棉花和水稻等主要作物的作物水分生产函数及函数模型中的诸多参数,并开发了灌区灌溉预报决策系统等成果,为灌溉工作注入了新的内容,开拓了新的研究领域。

陕西省先后完成了作物调亏灌溉试验、冬小麦和夏玉米需水量与灌溉制度试验、作物水肥一体化灌溉试验等,先后取得了主要农作物节水高产高效灌溉模式、作物无压地下灌溉技术、土壤扩蓄增容肥技术等灌溉试验成果。

甘肃省各试验站根据当地的气候条件、水源、作物种类,相继开展了灌区主要作物需水量、灌溉制度及地面灌水技术的试验研究工作,同时进行了受旱试验、灌溉效益试验、灌水技术试验、土壤适宜含水率试验、喷灌技术试验、地膜覆盖试验、日光温室滴灌需水量及灌溉制度试验等,取得了一批有价值的灌溉试验成果,为灌区农业发展提供了科学依据,在农业灌溉用水实现定额管理、促进种植作物增产增收,保障灌区人民生活水平的提高等方面起到了举足轻重的作用。

宁夏回族自治区主要开展了引黄灌区主要作物灌溉制度及需水量试验研究、滴灌技术试验研究、主要作物需水量及需水规律研究、燕山滴灌技术试验研究、渠道基土冻胀预报试验研究、喷灌果树防霜冻试验与示范、井渠结合灌溉试验、宁夏优势特色及灌区旱作物灌溉制度试验、枸杞需水规律及灌溉制度试验、宁夏河套灌区农业节水工程建设与技术示范推广等,并完成了相关灌溉试验资料整编与分析。

新疆维吾尔自治区结合地区生产条件和地域特点,主要开展了小麦、玉米、苜蓿、甜菜等作物需水量和灌溉制度试验研究,畦灌小麦灌溉技术研究与示范,绿洲灌区节水安全关键技术研究与示范,香梨微灌水分高效利用技术研究与示范,滴灌工业辣椒节水技术研究与示范,籽瓜节水技术研究与示范等,取得了一定成效,为新疆水利灌溉事业发展发挥了重要的技术支撑作用。

新疆建设兵团有针对性地开展了部分区域棉花、小麦、玉米、林果园艺作物及设施农业节水灌溉有关试验研究。特别是针对棉花种植产业,开展了棉花地下滴灌、膜下滴灌灌水技术优化、需水规律和灌溉制度、灌溉预警等方面的试验研究,开展了盐碱地棉花膜下滴灌、无膜移栽棉花地下滴灌、北疆一年两作积水灌溉制度、棉花微咸水灌溉、棉花膜下滴灌水盐运移规律、新垦荒地膜下滴灌棉花需水规律等试验研究,为兵团节水灌溉工程规划设计、区域的灌溉用水管理提供了基础数据,促进了棉花节水灌溉技术的大面积应用。

这些试验研究工作的开展取得了一大批研究成果,不仅填补了我国农业水利科研领域的空白,而且在我国的水资源评价、灌区节水规划、灌溉用水管理和流域规划等工作中得到了广泛采用。旱作物省水、高产、低成本灌溉方案,盐碱地排水改良技术,田间灌水技术,井渠结合灌溉技术等代表性成果,对促进灌溉用水由大水漫灌向定量的丰水高产灌溉转变,提高灌溉用水管理水平、节约用水、改善农田土壤环境和提高作物产量起到了重要的作用。

2.3.1.3　建立了全国灌溉试验资料数据库

水利部组织全国各省(区、市)开展了全国协作项目"全国灌溉试验资料整编及数据库建设",这一项目对20世纪80年代全国协作研究所取得的试验资料,以及50年代的灌溉试验资料(个别站点有更早的资料),按照统一的格式进行了系统的整理汇编,并建成了"全国灌溉试验资料数据库"。这些基础性数据已在我国灌溉工程的规划设计,水资源的优化配置和农田水管理活动中发挥了良好的作用。

2.3.2　取得了一些新领域的研究成果

自20世纪80年代中期以来,虽然全国灌溉试验站网的工作陷入低谷,但是各地灌溉试验站仍根据当地生产实际的需求,在灌溉新技术的研究开发及已有研究成果的推广应用上做了一些工作,取得了一定的成绩。

黄河流域主要是针对节水灌溉发展的需求,开展非充分灌溉条件下作物需水过程,以及不同时期干旱对作物生长发育和最终产量影响等方面的研究工作,初步确定了一些主要作物在节水灌溉条件下的需水量,以及各生育时期对水分亏缺的敏感指数,研究了水分亏缺后对作物生长及生理的影响,应用实测资料对国内外的应用模型进行了检验并进行了修正,为区域水资源的合理配置及农田用水科学管理提供了理论依据。

山西省开展了汾河三坝灌区咸水灌溉技术试验研究、大田土壤冻融条件下入渗特性的试验研究、土壤间歇入渗规律的试验研究、不同地下水埋深农田水量转化与作物水肥盐环境调控技术研究等试验研究,形成了汾河灌区土壤墒情与地下水动态监测预报及信息管理系统研究成果等一系列研究成果。

内蒙古自治区开展了水分亏缺后对作物生长及生理的影响、水肥耦合技术试验、灌溉管理技术研究、波涌灌及土壤结构调理剂(PAM)适用性试验研究等,并应用实测资料对国内外的相关应用模型进行了检验并进行了修正。

山东省开展了冬小麦高效用水技术研究、水库水资源高效开发利用研究、灌区管理模式和灌溉效益模拟试验研究、北方小麦主产区节水高效灌溉制度和不同灌水次数对夏玉米生长发育及耗水规律的影响研究等,均取得了宝贵的研究成果。

河南省开展了作物劣态试验及灌溉效益试验、主要作物的灌溉方法及灌水技术试验、盐碱地和涝渍地改良试验、粮食核心区农业节水关键技术研究、灌区尺度潜水蒸发有效性调控机理研究、引黄灌区土地沙漠化与生态物种演变调控研究等各类试验研究数十项。

陕西省结合研究课题完成了作物控制性分根交替灌溉试验、雨水与农田水分高效利用技术、旱区作物非充分灌溉与水肥高效利用、节水农业技术与装备等,试验成果丰富。

甘肃省开展了不同作物膜下滴灌技术、管灌技术、喷灌技术、非充分灌溉技术、温室葡萄和马铃薯微润管灌溉节水技术、集雨补灌技术等试验研究,取得了显著的节水增产效果,推动了全省节水灌溉工作的进程。

青海省主要在农田节水灌溉技术、渠库防渗技术、水工建筑物的冻害防治技术、盐碱地、荒漠改良技术、水工建筑物新材料的应用及生态环境评价、水资源研究、水土保持、以水为主的生态恢复等方面开展了大量的科学研究工作。

宁夏回族自治区开展了渠道基土冻胀预报试验研究、喷灌果树防霜冻试验示范、淡灰钙土地区渠道防渗、井渠结合灌溉试验、扬黄灌区节水灌溉优化配水技术研究等,取得了较好的研究成果。

新疆维吾尔自治区开展了棉花覆膜灌溉试验研究、干旱区农田排盐理论与方法研究、干旱区膜下滴灌盐分调控与微咸水利用技术研究等,新疆兵团开展了玛河灌区葡萄、番茄、花生高产栽培技术研究、干旱地区红枣节水灌溉研究,酿酒葡萄赤霞珠滴灌技术和薰衣草、马铃薯节水灌溉试验研究,干旱区膜下滴灌盐分调控与微咸水利用技术研究,荒漠生态植物耗水规律持续研究等,试验研究取得成果通过示范应用及推广带来良好的经济效益,也为区域生态环境治理提供了支撑。

2.3.3　实现了成果转化,取得了明显成效

试验站在灌溉试验成果的示范与转化过程中也发挥着重要的作用。通过试验站示范,向周边地区辐射,为成果推广奠定了良好的基础。

一是为农业节水增产提供了科技支撑。通过灌溉试验,制定了作物高效节水灌溉制度,在农业经济发展中起了巨大作用。如:河北省冬小麦的灌水次数由过去的 5～7 次,降低到目前的 3～4 次,灌水定额由 70～80 m³/亩降低到 40～50 m³/亩,节水达 30%,仅此一项,每年可节水 30 多亿 m³,据不完全统计,十多年来,通过灌溉试验成果的推广,共节水约 500 亿 m³,增产粮食 50 亿 kg 以上。

二是为节水工程规划设计和水资源评价提供了基础依据。灌溉试验数据和成果在水利工程规划设计及水资源评价中被广泛应用。在相关国家级节水增产重点县项目实施方案及国家级节水增效示范项目实施方案中,均采用了有关的试验资料及成果。这些基础性的科学数据,在水利事业可持续发展的项目决策及实施中发挥着越来越重要的地位。

三是在南水北调工程决策及农业种植结构调整中发挥了重要作用。灌溉试验数据和成果为南水北调工程农业用水量分析及各受水区配水量分析提供了依据。在农村种植结构调整中,根据当地的水资源可利用量,结合作物的需水量和灌溉定额来确定种植作物的种类和面积。

2.3.4 培养了一批科技人才,稳定了灌溉试验人才队伍

经过多年的发展,灌溉试验站的面貌发展了变化,业务范围更加宽广,人才结构更加合理,技术优势更加突出,为国家培养了大批优秀人才,灌溉试验队伍的稳定与发展为农田节水灌溉发展提供了保障。

2.4 灌溉试验工作存在的主要问题

由于多种原因,黄河流域各灌溉试验站存在许多问题。机构和编制未得到有效落实,人员队伍不稳定;缺乏畅通的经费渠道,难以稳定开展工作;缺乏必要的试验设施设备,试验手段落后;现有人员工作能力不能满足现代灌溉试验的要求;尚未建立有效的成果应用机制,严重阻碍了灌溉试验的正常运行。

2.4.1 设施设备建设不足,功能亟待加强

虽然《全国灌溉试验站网建设规划》于 2015 年获批,部分试验站获得了一定的经费支持,但仍有相对一部分试验站的基础设施和仪器设备建设严重不足,还不具备开展灌溉试验的能力,灌溉试验站在过去五年中基本没有开展延续性的灌溉试验工作。当前试验站只能实现提供少数主要作物需水规律、灌溉制度等简单功能,无法按照新形势要求,为区域作物需水规律分析和作物灌溉制度制定、灌区规划设计、节水型灌区建设、区域水资源管理、灌区管

理、灌溉效益分析、区域农业结构调整、灌溉预报、土壤墒情监测、现代灌排理论以及与新技术开发等工作提供基础性的试验资料。

2.4.2 试验站定性不明确,机构及编制未能很好落实

根据职责任务、服务对象和资源配置方式等情况,灌溉试验站是公益性服务事业单位,不能或不宜全部由市场配置资源。同时,只有少数灌溉试验站办理了事业法人登记,多数灌溉试验站没有正式的机构成立批文,只能挂靠在水利科研单位或灌区管理单位运行,造成灌溉试验站有职责但没有专门的人员编制和人员经费。灌溉试验站的性质不明确,机构不落实,也就无法开展"定编定员",更无法落实"公益性维修养护经费以及公益性人员经费",导致许多灌溉试验站有名无实,相关工作无法正常开展。

2.4.3 设施设备建设投入不足,试验手段落后

目前,各灌溉试验站普遍缺乏稳定的科研基础设施建设经费投入渠道,多数灌溉试验站仍在使用 20 世纪 80 年代的基础设施及仪器设备。建设标准低,又缺少专项更新维护经费,多数设施设备已失去使用价值。另外,由于缺乏系统的规划与统一的指导管理,存在配置标准不统一、配套性差等问题,不符合《灌溉试验规范》(SL 13—2015)的要求,严重制约了站网功能的正常发挥。

2.4.4 日常运行经费没有保障,无法稳定开展试验工作

灌溉试验是一项需要长期开展的基础性工作,其研究成果具有公益性,且很难直接转化为商品而获得收益,只有较为稳定和足额的日常运行经费来源,才能保证各项工作的稳定开展。但目前,几乎所有省区的灌溉试验站都未能很好地解决日常运行经费的来源渠道,灌溉试验站工作只能间断开展,无法提供持续、系统的试验资料和成果。

2.4.5 从事灌溉试验的人员缺乏,无法满足现代灌溉试验要求

灌溉试验站网现有工作人员,所从事的业务以所属单位安排课题为主,无法专心从事灌溉试验。此外,灌溉试验工作环境相对艰苦,待遇普遍较低,灌溉试验站对人才的吸引力不强,人才队伍不能得到有效的更新补充,人才流失现象较为普遍,造成现有从业队伍人员不足、学历偏低、年龄偏大,无法满足新形势下应用现代技术开展灌溉试验研究工作的需要。

2.4.6 试验成果的转化应用机制尚未建立,试验成果作用发挥不充分

灌溉试验成果直接服务于农田水利工程的规划、设计、建设与管理,以及水资源的科学利用与优化配置,只有将其成果转化应用,才能发挥灌溉试验的作用和效益。但在目前的农田水利建设与水资源管理实践中,并未形成灌溉试验成果转化与应用的有效机制,灌溉试验成果无法及时转化成现实的生产力,灌溉试验对农田水利发展的引领与支撑作用就被大大削弱。加之我国的灌溉试验工作时断时续,缺乏资料的系统性与连续性,没有建立灌溉基础数据监测与灌溉试验成果汇编机制,也缺乏完善的试验成果发布和共享平台,严重影响了灌溉试验数据及试验成果的广泛应用。

2.5 黄河流域灌溉试验站建设必要性

黄河流域自然条件严酷,气候干旱,降水稀少,属于典型的干旱半干旱生态类型,水资源严重短缺在很大程度上制约了社会经济的可持续发展。灌溉试验成果是灌溉工程规划设计、区域水资源优化配置、农田高效节水灌溉、农业用水管理、水权分配与严格

水资源管理的重要基础数据来源。节约利用水资源,发展高效节水农业,就必须加快灌溉试验站网建设。

中华人民共和国成立初期至 20 世纪 80 年代末,灌溉试验曾作为农田水利建设和灌溉用水管理的重要技术支撑,在农村集体所有制占主导的时期,对稳定粮食生产和保障农产品有效供给发挥了至关重要的作用。但随着农业生产经营方式转向家庭联产承包责任制,以针对集体农户推广灌溉制度为主要目的的传统灌溉试验工作出现停滞,一些地区灌溉试验站点数量急剧萎缩,专业人员大量流失,试验研究基本停止。

随着农业现代化程度的不断提高,农田灌溉基础设施不断得到完善,农田供水和用水过程发生了质的变化,对灌溉试验工作提出了更新、更高的要求,使得灌溉试验工作面临新的挑战与发展机遇。在这样的情势下,加强灌溉试验工作,为黄河流域节水灌溉的发展提供系统可靠的基础数据就显得十分重要和迫切。

2.5.1　灌溉试验是黄河流域农田水利建设与发展的重要基础

灌溉试验是保障水资源合理开发、高效利用、优化配置及农业用水科学管理的一项基础性工作。水资源短缺一直是黄河流域经济社会发展的瓶颈,随着经济社会的发展,水资源短缺和水质污染问题凸现,黄河流域面临的水资源供需矛盾日益尖锐,加强灌溉试验,适应高效节水农业发展形势的要求,降低农业用水已成为当前迫切需要解决的问题。积极构建灌溉试验站网体系,进行完备的灌溉试验研究,积累大量的灌溉试验数据和科研成果,才能为黄河流域农田水利健康发展,特别是灌溉工程规划、设计,水资源的优化配置和灌溉用水管理及农业用水的科学决策提供依据,为发展民生水利节水增产提供最强有力的技术支撑,是切实为农民群众谋福利的水利基础性工作。

黄河流域大中型灌区续建配套与节水改造,都必须掌握控制区域内作物灌溉需水总量及不同作物、不同时期的灌溉用水定额以及不同水文年的耗水规律,并结合控制区域内的土地面积、种植结构、水资源总量等数据,合理确定实际控制灌溉面积、灌排渠系规模、运行模式等重要规划、设计内容。灌排系统的运行管理过程中,作物耗水规律、水分生产函数、灌排控制指标等参数是灌区制定输水、配水、灌水及排水等调配方案的重要依据。

目前,灌溉试验资料长期缺失,严重影响各地对节水农业发展现状的准确了解和把握,影响节水投入效果的科学评价,导致许多地方在开展水资源利用规划、节水工程规划设计及灌排系统运行管理时,还在采用20世纪80年代积累的充分灌溉条件下的灌溉试验资料,严重影响到灌排工程规划、建设、运行管理的科学性和合理性,已严重制约了农田水利事业的发展。

2.5.2 灌溉试验是实现水资源可持续利用的需要

2014年中央一号文件也要求突出农业科技创新,稳定支撑农业基础性、前沿性、公益性科技研究,着力突破农业技术瓶颈,在节水灌溉、节能降耗、农村民生等方面取得一批重大实用技术成果。同时,按照中央关于加快水利改革发展、实行最严格的水资源管理制度,落实水资源管理"三条红线"的需求出发,新时期加强灌溉试验站网建设与管理更加紧迫,黄河流域水资源供需矛盾日益突出,全面实行灌溉用水"总量控制、定额管理"和实现农业水资源的高效利用,是全面落实新时期治水思路的具体体现。这就要求①大力发展节水灌溉,迫切需要研究节水灌溉或非充分灌溉条件下的作物需水规律和灌溉制度;②农作物栽培技术的进步和农业种植结构的调整,需要对许多新的作物品种开展灌溉试验研究;③现代农业的快速发展,对科学灌溉和精量灌溉的要求越来越高;④农业生产环境和条件的变化,需要了解农作物的需水规律会有哪些变化,灌溉管理过程应做哪些调整。所有这些,都对灌溉试验工作提出了更高的要求。

灌溉农业在黄河流域国民经济中占有非常重要的地位,是水资源的耗用大户,农业用水作为水资源的耗用主体,就必须大力发展节水灌溉,提高农业的用水效率,降低农业用水在国民经济发展用水总量中的比重。这就迫切需要在不同区域布置灌溉试验站点,研究节水灌溉或非充分灌溉条件下的作物需水规律和灌溉制度,确定各种作物在不同条件下最适宜的灌溉用水定额,依据灌溉试验结果,制订科学合理的农业用水总量、用水效率指标,将其融入农业资源开发、利用、节约和配置各方面,贯穿农业基础设施规划、建设和管理各环节,分解到中央和地方水资源管理各层级考核工作和用水总量计量工作中,为落实最严格水资源管理制度和水资源管理"三条红线"提供支撑依据。

2.5.3　灌溉试验是发展高效节水灌溉的重要科技支撑

灌溉是我国农业生产不可或缺的基础条件,灌溉现代化是农业现代化的重要组成部分。加快发展现代灌溉,推进现代灌溉和现代农业的良性互动,是发展现代农业的必然选择。现代农业的核心是"高产、优质、高效、生态、安全",从传统农业向现代农业转变,需要实现农业生产的物质条件和技术的现代化以及农业组织管理的现代化。针对我国人多地少、人多水少、农业资源紧缺的实际情况,必须大力发展节水灌溉,推广节水灌溉新技术。开展节水条件下高效农业的灌溉制度试验研究,为地少水缺的农业发展提供先进的灌溉技术服务。可建立西北水资源紧缺地区高效农业节水灌溉制度,逐步形成和及时修订现代节水条件下不同作物的灌溉用水定额。西北地区开展了"节水增效行动",甘肃开展了河西走廊万亩葡萄种植,陕西以优质苹果、猕猴桃经济作物为经济发展纽带等发展区域特色农业。这些都迫切需要灌溉试验资料的支撑,总结西北棉花膜下滴灌的成功经验,提出适合各区域使用的节水灌溉技术参数和节水技术模式,提高灌溉水利用率,节省土地,以适应现代化农业对水利的要求。

2.5.4 灌溉试验是促进农业结构调整、保障粮食安全的必然要求

随着农业结构调整和节水型社会的推进,各种经济作物的种植比例不断增加,专业化、规模化经营初显端倪,大型温室、自动控制喷灌和微灌系统的推广应用越来越普遍。黄河流域的农业生产在稳定粮食产量的同时正在转向以提高广大农民收入为主导的生产模式。粮食作物的种植比例大幅度下降,而经济作物和饲料作物的比例则在不断增加,作物种植结构也更趋于多元化。茄果、蔬菜、药材、饲草料、花卉以及设施农业的发展,必然引起需水状况的变化,迫切需要对这些种植结构的需水状况及灌溉管理技术进行深入细致的研究,以保障农业的可持续发展和农民收入的增加。

农田灌溉是农业生产过程的一个重要组成部分,实现作物产量稳定增长、品质优良,需要对作物需水、灌溉供水、水分转化等过程相关的科学基础有更为深入细致的了解与认识,选择种植适宜的作物,得出最优的灌溉制度,指导农民科学灌溉及施肥等,用最少的水来获取农作物最大的产出效益,都需要通过灌溉试验来获得。

灌溉试验直接服务于农田灌溉事业,依托建立在田间的灌溉试验站网,开展不同区域农业气象监测、农业墒情监测和作物生长过程监测。实时发布农业气象信息、农作物土壤墒情实时监测信息和灌溉预警信息,利用气象信息和河道水文信息,提出作物的灌水时机、灌(排)水量,满足作物生长需求,及时应对极端天气或旱涝灾害,降低农业旱、涝风险,保证作物稳产、高产,保障粮食安全。

2.5.5　灌溉试验是减少农业污染,推进生态灌区建设的重要保证

党的十八大提出,要大力推进生态文明建设,努力建设美丽中国。党的十八届三中全会提出,对水土资源、环境容量超载区域实行限制性措施;稳定和扩大退耕还林、退牧还草范围,调整严重污染和地下水严重超采区耕地用途,有序实现耕地、河湖休养生息。灌区作为生态系统的重要组成部分,不仅是我国粮食生产的重要区域,也是自然—社会—经济的复合系统,长期的灌溉运行,形成了人工生态和自然生态相互依存的系统格局,对稳定区域生态系统结构,发挥区域生态功能具有重要作用。

农业面源污染防治是生态型灌区建设的重要内容。通过灌溉试验工作,对农业用水区及退水区污染物入河量与水质状况、基本农田环境质量进行监测评价,定期发布信息和预警预报。开展高效生态灌区需水量、需水规律、水肥耦合试验,减少农田排水量,降低发生农田径流的可能性,提出有效降低农田氮、磷流失量的节水灌溉技术等,形成与资源环境承载能力相适应的农业生产布局与农作物种植结构、灌溉发展规模与发展布局、灌溉用水量与节水灌溉方式,着力维系良好的灌区生态环境,提高灌溉面积上的农产品品质,促进农业可持续发展。

生态环境建设,也需要对林草的需水过程与灌溉需求进行研究,以保证这项工程的顺利实施。因此,加强灌溉试验站网为建设高效农业提供水资源保障,为农业结构调整提供技术支撑,是为农村全面建设小康社会服务的重要基础工作。

2.5.6　灌溉试验是强化公共服务职能的迫切需要

2011 年中央一号文件中提出要建立基层水利服务体系,2012年中央一号文件又明确提出了发展灌溉试验等专业服务组织,灌

溉试验站被列为五个基层水利服务体系之一。因此,灌溉试验站网在公共服务体系中占有重要地位。灌溉试验站网的服务对象主要是政府有关决策部门、相关工程规划设计单位、灌区管理单位和农民用水户,承担的工作任务需满足社会公益性服务要求。

近年来,我国农村农业进入新的发展时期,农村劳动力大量输出促使农业用地流转加快,催生出以农业生产专业合作组织、龙头企业和家庭农场为代表的集约化、专业化、组织化、社会化相结合的新型农业经营实体。随着农业生产方式的变革,种植结构、经营模式的转变必然对灌溉方式、工程模式、灌溉技术及灌溉管理等产生新的需求,特别是使用节水增效新技术提高粮食单产和品质,以及要求政府提供灌溉预测预报等公共服务以应对旱涝灾害风险的需求趋于旺盛;迫切需要提供农业灌溉基础数据、灌溉预测预报、农田灌溉用水效率监测、各项技术和措施的实际效果评估等公共服务。灌溉试验站可以为国家宏观决策服务,为涉水部门提供全面的基础性服务。而且通过示范各种先进实用的农田灌排新技术、新材料、新方法,组织现场观摩、学习和培训,推动灌溉新技术的应用与转化,指导当地农业灌溉和用水管理,以提高灌溉效率和效益,促进粮食稳产高产和农民增收。

2.5.7 灌溉试验是实现农业现代化的重要内容

灌溉试验是一项长期的任务,是一项服务于社会的公益性事业。目前,节水灌溉成为水利和农业发展的方向,要推行科学的节水灌溉技术,必须有试验研究成果作为依据和指导,否则会带来片面性和盲目性,达不到节水、丰产、高效益的目的。准确掌握每种作物需水规律,是合理制定灌溉制度、优化灌溉工程规划设计、实现科学用水管理的前提和基础,也为生产力的发展提供技术支撑。

随着社会的不断进步,黄河流域农业实现现代化的要求愈来愈迫切,灌溉用水正向着精量控制用水、自动控制用水发展,农田灌溉作为农业生产过程的一个重要组成部分,急需提高其科技含量,实现精量的科学管理。为此,需要对灌溉供水、作物需水、水分转化等过程相关的科学基础有更为深入细致的了解与认识,从而为农业用水的科学精细管理提供理论依据。随着许多新技术的开发与应用,灌溉农田生产条件已发生了很大的变化。如作物品种在不断更新,土地的生产水平有了显著提高;灌溉基础设施不断得到完善,特别是滴灌和微灌技术的应用,使农田供水和用水过程发生了质的变化;又如温室的广泛应用,使得农业生产过程所处的生态环境条件发生了根本性的变化,也使水分循环利用过程有了明显的改变,要掌握这些变化并做出科学的调整,必须加强站网建设,通过灌溉试验研究来获得。

2.6　黄河流域灌溉试验站工作任务

北方地区试验站工作任务以试验站长期、连续开展的基础性任务为主,其他临时性、阶段性试验任务由各试验站根据区域灌溉发展需求提出。需长期、连续开展的基础性工作任务如下。

2.6.1　监测、采集农业灌溉基础数据,并录入全国灌溉试验资料数据库

(1)农业气象。逐日观测,内容包括降水量、水面蒸发量、最高气温、最低气温、平均气温、地温(地面以下 5 cm、10 cm、15 cm、20 cm)、空气相对湿度、日照时数、风速、平均 ETO 等,数据按照逐旬进行整理,于下一旬内上报。

(2)土壤墒情。定点长期监测,观测频次为 5 日 1 次,监测点为试验站周边代表性区域(根据土壤、灌溉水源、作物等布设数据采集点 3~5 处),测量一般按 0~20 cm、20~40 cm、40~60 cm、60~100 cm四个层次,数据按照逐旬进行整理,于下一旬内上报。

（3）土壤理化性质。每年年初测试 1 次，内容包括土壤物理性质（土壤质地、土壤容重、饱和含水量、田间持水量、凋萎含水量等）、土壤化学性质（全氮量、全磷量、全钾量、有机质含量、有效氮含量、有效钾含量、有效磷含量等），每年 4 月底前整理上报。

（4）作物种植结构。根据当地作物种植情况，每年调查 1 ~ 2 次，调查试验站所在区域内的复种指数、代表性作物（种植面积超过耕地总面积的 10% 及高耗水作物）的种植面积及比例，每年年底前整理上报。

（5）灌溉取用排水量、农业灌溉投入产出。每年监测，选取 100 ~ 500 亩区域，监测作物生育期内灌水时间、灌溉定额、灌溉水源、排水量、投入（水费、种子、化肥、农药、播种机械、投工投劳）、产量、产值等，每年年底前整理上报。

2.6.2　开展主要作物的需水量和灌排制度试验

根据所在区域特点，结合不同的灌溉方式（2 ~ 3 种）、不同土壤类型（1 ~ 3 种），长期开展代表性作物（2 ~ 4 种）需水量和灌排制度试验。全国不同地区重点试验内容如下：

（1）东北地区（NC1、NC2、NC3、NC4、NC5、NC6）。以三江平原水稻、东北西部地区玉米、大豆和土豆等代表性作物为主；加强玉米、土豆等作物格田、喷灌和滴灌试验等。

（2）黄淮海地区（NC8、NC9 、NC12、NC13）。以新型农业生产条件下小麦、玉米、棉花等大宗农作物为主；加强微咸水、城市中水等非常规水的灌溉观测试验，井渠结合灌溉试验等。

（3）西北地区（NC10、NC11 、NC14、NC15）。以新型生产条件下小麦、玉米、棉花等大宗农作物为主，包含绿洲农业区主要作物；加强棉花膜下滴灌改进试验、其他作物应用膜下滴灌试验、水量约束条件下最优灌溉制度试验等。

2.6.3　节水灌溉新技术的推广示范与服务指导

每年筛选、组装 2~3 种适宜的节水灌溉技术和集成模式,进行系统的比较试验与改进,开展技术应用示范,并及时为基层科技人员和种植户提供节水灌排新技术的指导、培训,促进新技术的推广。

2.6.4　灌溉试验成果整理、上报

将监测采集数据、需水量和灌排制度试验等过程中的作物种类、试验方式、灌溉方式、作物生长指标、灌溉指标等进行整理和初步分析,提出代表区域种植结构、适宜灌溉定额、农田灌溉水分生产效率、农业灌溉效益、节水灌溉实施效果等,填写并上报各类信息数据表格。

3 黄河流域灌溉试验中心站建设

3.1 项目基本情况

3.1.1 建设单位概况及单位性质说明

黄河水利科学研究院引黄灌溉工程技术研究中心(简称黄科院引黄灌溉研究中心)成立于1963年,其前身为水电部豫北水利土壤改良试验站,为具有独立法人的水利事业单位。1982年归属黄河水利委员会领导,更名为水电部黄河水利委员会引黄灌溉试验站,从事黄河灌区的引黄灌溉试验与研究工作。1999年划归黄河水利科学研究院管理,2013年加挂"黄河流域农村水利研究中心"的牌子,为黄委农村水利管理的技术支撑单位,正处级综合事业单位,人员编制为70人,下设水资源利用研究室(抗旱减灾技术研究室)、节水工程与技术研究室、农村水土环境治理研究室和水利信息技术研究室(灌排发展战略研究室)、综合办公室、计划财务科和后勤服务中心等4个专业科室和3个综合科室。现有在职职工44人;退休职工30人;专业技术人员27人,其中博士学位3人、硕士学位22人,教高8人、高工5人,专业涵盖农田水利、水文水资源、生态环境、泥沙、水利工程、水文地质、工民建、计算机等学科。

黄科院引黄灌溉研究中心是七大流域机构中唯一围绕流域灌溉试验设立的专门研究机构,自单位恢复成立以来,灌溉试验和研究工作没有间断,长期围绕黄河灌区作物灌溉制度、需水规律、水资源利用、节水灌溉技术、盐碱地改良、泥沙处理与利用、面源污染等开展了大量的灌溉试验及研究工作。成立 56 年来,特别是 1982 年恢复以来,先后完成了科技部、水利部、黄委下达的科研课题 160 余项,完成科研报告 254 份,在《水利学报》《水科学进展》等刊物公开发表论文 340 余篇,三大检索 25 篇。获得各类奖项 49 项。其中,国家科技进步三等奖 2 项,省(部)级科技进步奖 4 项,黄委科技进步奖 32 项,取得了良好的社会效益及经济效益。

3.1.2 试验基地基本情况

黄科院节水试验基地是黄委唯一专业从事农业节水灌溉、农业水土环境治理的试验站,其前身是 1963 年成立的水电部豫北水利土壤改良试验站,位于河南省新乡市。节水试验基地是支撑单位在节水灌溉技术、区域水资源利用和农业水土环境等方面研究的重要平台,在国家自然基金、国家科技支撑、"973" 和国家科技成果重点推广等项目中提供了重要的支撑。

黄科院节水试验基地占地面积约 23 亩,主要包括模拟降雨区、简易气象观测场、测坑区、田间试验区以及模拟试验大厅,见图 3-1。拥有自动气象站、地中渗透仪、土壤墒情遥测系统、土壤水分速测仪、土壤溶液提取系统、便携式光合速测仪、植物气孔计等多种仪器设备和数据采集系统。

(1) SPAC 系统水循环测试区:由 24 个相互独立的有底测坑组成。每个测坑表面积 0.01 亩,深 1.8 m。配备土壤负压采集系统、土壤溶液抽取系统、土壤地下水位控制系统和排水监测系统等,可开展作物耗水规律研究、水肥过程模拟、水–热–肥耦合理论、非常规水灌溉技术等方面的科研工作。研究成果可用于土壤墒情预测、灌溉施肥优化、农业干旱风险分析以及非常规水利用等方面。

(2) 设施农业试验区:设施农业试验区长 32 m、宽 16.0 m,最

图 3-1　节水试验基地概况

大净高 3.5 m,配备智能灌溉系统、大型蒸渗仪系统和植物生境自动监测与控制系统。可开展设施植物灌溉模式筛选、耗水规律测试、水分营养调控、土壤 - 作物 - 环境界面水分循环与模拟、温室植物需水量计算方法等方面的研究。

　　(3)模拟降雨区:可模拟雨强范围 30.0 ~ 240.0 mm/h 的天然降雨。用于农业灌溉领域有效降水利用研究,也可用于叶面截流模拟、农田侵蚀分析等方面的研究。

　　(4)地面灌溉试验区:面积约 3 亩,配置滴灌系统、微润灌溉系统,可开展地面灌溉、滴灌和微润灌溉等节水技术适应新试验。

　　(5)农田小气候参数采集场:自动采集空气温湿度、太阳辐射、风速、雨量等 13 种气象参数。监测频率为 1 次/h。

　　现有可用于开展灌溉试验的仪器设备见表 3-1。

表 3-1　节水试验基地现有仪器设备

项目名称	单位	数量
土壤水分测定仪器		
便携式土壤水分测定系统	台	1
trime 水分仪	台	1
作物生态生理测定仪器		
叶水势测量仪	台	1
植物气孔计	台	1
冠层分析仪	台	1
便携式光合测量仪	台	1
茎流计	台	1
红外线测温仪	台	1
叶绿素仪	台	1
便携式叶面积仪	台	1
根系测量系统	套	1
土壤理化性质测定仪器		
电导率仪	台	1
pH 计	台	1
恒温水浴锅	台	1
离心机	台	1
电动土壤取样器	台	1
其他		
土样采集器	套	1
电子天平	台	2
粉碎机	台	1

3.2 项目建设的必要性

3.2.1 落实站网规划建设任务,完善全国灌溉试验站网体系

2015 年 6 月,水利部下发了"水利部关于印发全国灌溉试验站网建设规划的通知"(水农〔2015〕239 号),明确提出建设黄河流域灌溉试验中心站。文件同时要求,有关流域机构要高度重视灌溉试验工作,明确灌溉试验工作的主管部门和责任领导,全面推进本流域的灌溉试验工作,组织好《全国灌溉试验站网建设规划》的实施。

根据《黄委关于将黄科院引黄灌溉工程技术研究中心纳入全国灌溉试验站网体系的请示》(黄农水〔2014〕111 号),黄河流域灌溉试验中心站依托黄科院引黄灌溉中心建立。该单位长期以来一直从事灌溉试验工作,2013 年黄委批准加挂"黄河流域农村水利研究中心"的牌子,急需提升流域农村水利管理的技术支撑能力。单位现有的节水试验基地位于城市范围内,且面积仅 23 亩,不符合《灌溉试验规范》(SL 13—2015)的要求,急需建设黄河流域灌溉试验中心站。建设黄河流域灌溉试验中心站,是落实水利部"水利部关于印发全国灌溉试验站网建设规划的通知"的重要内容,是完善全国灌溉试验站网体系的重要一环。

黄河流域灌溉试验中心站建成后将充分利用黄科院引黄灌溉中心自身长期从事灌溉试验研究的专业技术优势,重点开展黄河流域特色灌溉试验工作,包括浑水灌溉条件下的田间入渗、灌溉制度及输配水技术,黄河水沙改良盐碱地试验,组建流域子站网开展数据的收集、整理、分析与提炼等,定期发布黄河流域代表性作物需水规律、主要用水区灌溉用水需求过程,主动对接黄河水情信

息,最大限度满足农业灌溉用水过程需求,弥补省区站点仅服务本行政区的局限性,支撑灌溉试验站网发挥更大功能、作用与效益。这是地方灌溉试验站职能所不具备的。

3.2.2　复核灌溉用水效率,支撑黄河流域水资源监管

按照水利部强化水资源监管的要求,鉴于黄河流域水资源短缺、农业灌溉用水比重大等特点,黄河流域水资源管理需重点控制农业用水定额、提高灌溉水有效利用系数并建立农业节水标准定额管理体系。目前,黄河流域9个省区均开展了灌溉用水效率测算与分析工作,而流域层面的灌溉用水效率一直缺乏相应的试验、分析和统计汇总,无法复核省区农业用水效率,无法准确把握真实的灌溉用水定额,也无法有效支撑水资源管理"三条红线"按流域控制的要求。这就需要黄河流域灌溉试验中心站按照农业灌溉用水方式、用水主体、不同节水技术与规模,开展流域层面的灌溉用水效率试验与复核,评价区域农业用水水平,为区域的农业用水效率、定额管理等考核指标提供依据,为流域与区域水资源管理相结合提供基础支撑。

3.2.3　跟踪分析农业灌溉需求,提升黄河水资源调度和配置水平

黄河水资源总量不足,水资源供需矛盾尖锐。1987年国务院批准了黄河可供水量分配方案,1999年授权黄委开始对黄河水量实行统一调度。2006年国务院颁布了《黄河水量调度条例》,黄河水量统一调度有了法律保障。鉴于黄河资源性缺水的属性,黄委提出要"精细调度"好每一方黄河水,特别是要提高农业水资源精细化管理的水平。黄河流域是国家重要的粮食主产区,农业用水约占全河耗水量的75%,开展流域层面农业用水需求预报,是黄河水资源精细调度和科学配置过程中的难点。

目前,由于缺乏系统的灌溉试验资料,无法及时、准确地掌握黄河流域不同供水区的作物种植结构、作物需水规律及农业用水需求等,一定程度上降低了水量实时调度和配置的效果。建设黄河流域灌溉试验中心站,开展不同作物需水试验研究,协调区域墒情实时监测信息,综合农业需水区域的灌溉信息、输配水信息、作物需水规律等,开展流域层面的农业用水需求分析和预报,为黄河水量实时调度提供基础依据,实现黄河骨干水库调度与区域用水需求的精准对接,最大限度地满足农业适时灌溉用水需求,提高有限黄河水资源的配置效果,为保障国家粮食安全奠定坚实基础。

3.2.4 评价集成农业节水技术,促进先进成果示范应用

黄河流域是国家实施节水型社会建设、推进规模化高效节水灌溉工程的重点区域。要提高黄河流域农业用水水平,必须大力推广应用先进的、适宜的、高效的农业节水技术。尽管省区灌溉试验站围绕当地特点也开展了一些先进技术推广与示范,但这些技术在流域其他省区推广应用受行政区划所限难以开展,有些技术尚需要在其他区域先行试验示范后,再推广应用,这是省区灌溉试验站不能协调的。黄河流域灌溉试验中心站建成后,可充分发挥流域中心站的统筹协调、沟通与桥梁作用,推进流域省区先进技术交流、引进、示范与推广应用。同时发挥流域机构人才优势、技术优势和先进试验设施设备优势,针对不同区域特点在试验研究基础上,提出不同区域适宜的高效节水技术与方法,促进流域灌溉技术进步和事业发展。

综上,开展黄河流域灌溉试验中心站建设,是完善全国灌溉试验站网布局、提升全国灌溉试验站网功能,是黄委落实"中央水利一号"文件、实施最严格水资源管理制度,强化水资源"三条红线"考核要求,是"水利行业强监管"、加强黄河农业用水管理,提高黄河水量实时调度和科学配置,提升黄河流域农业用水效率,推动流

域农村水利发展的必然要求,同时也是提升支撑黄河流域农村水利管理的能力要求,因此加强黄河流域灌溉试验站建设十分必要。

3.3 项目建设的可行性

3.3.1 符合国家产业政策

近年来,国家及水利部出台了一系列文件,如《农田水利条例》《水利改革发展"十三五"规划》《"十三五"水利科技创新规划》等,从政策层面扶持灌溉试验站建设,支持开展流域层面高效灌溉技术试验研究、农业用水需求分析预报,以及流域层面的技术推广、示范与培训等工作内容。通过本项目的实施,可以促进全国灌溉试验站网建设,有利于扭转灌溉试验工作滞后的局面。其科研成果可以为开展黄河流域农村水利和水资源管理领域基础研究工作、提高水资源的利用效率和效益、支撑流域社会经济的快速发展和改善生态环境提供技术支撑。

3.3.2 建设单位具有项目建设的基本保障条件

建设单位黄科院引黄灌溉中心是公益性科研单位,多年来一直从事灌溉节水技术、水资源高效利用、农业面源污染治理等方面的科学研究,积累了丰富的科研基础设施建设经验,建立了一整套基础设施建设质量保证体系,有完善的项目考核制度和验收制度,以及符合国家相关规定的财务管理制度;从事农村水利和水资源管理等相关领域的专家,熟悉试验基地建设、观测设备操作与维护,已有条件与工作基础能够保证项目设计方案的合理性及项目的顺利实施。

此外,黄科院引黄灌溉中心具有良好的研究基础,目前已形成节水工程与技术、水资源利用、农村水土环境三个主要研究方向和相应创新团队。构建了"黄河下游引黄灌区基础信息数据库"和"黄河下游引黄农业用水信息交换平台",开发了"河南引黄灌区农业用水信息交换平台(V1.0)",完成了大型灌区节水改造模式指南研究""引黄灌区井渠双灌节水技术集成与示范""干旱区农田覆盖非充分灌溉技术示范与推广""黄河干流灌区节水潜力研究及水权理论运用探索""灌区节水量计算方法研究""干旱区主要作物农艺节水条件下非充分灌溉制度研究""黄河灌区引黄用水需求研究""浑水灌溉下土壤水分变化规律研究""农业非点源污染物在排水沟渠中的迁移机理及输出模型研究""微咸水灌溉对作物生长及农田水土环境的影响""典型水生植物对水体中氮磷含量影响试验研究"等国家和省部级项目124项,完成科研报告210份,在《水利学报》《水科学进展》等刊物公开发表论文300余篇,三大检索20余篇。获得各类奖项44项。其中,国家科技进步三等奖2项,省(部)级科技进步奖4项,黄委科技进步奖30项。

3.3.3 建设单位具有科研基地建设和运营管理经验

黄科院引黄灌溉中心前身为1963年成立的水电部豫北水利土壤改良试验站,从成立之初就在田间开展盐碱地改良、高效节水灌溉技术等方面的试验研究工作,多次获得国家、省部级奖励。进入21世纪后,借助多年积累的工作经验,先后建立了黄科院节水与农业生态实验室、节水试验基地等基础设施,拥有技术领先的测坑、模拟降水系统、智能温室大棚等基础设施及几十台先进的仪器设备,为本项目的建设和运行提供了丰富的经验。

虽然现状科研基地建设存在代表性差、建设标准低等问题,但仍然利用有限的条件开展了大量的试验研究,取得了丰硕的成果,在黄河流域农村水利科技支撑方面发挥了突出的作用,2013年黄委挂牌成立"黄河流域农村水利研究中心",作为黄委农水局的技术支撑单位。2014年2月,黄委向水利部上报了《黄委关于将黄科院引黄灌溉工程技术研究中心纳入全国灌溉试验站网体系的请示》（黄农水〔2014〕111号），提出依托黄科院引黄灌溉工程技术研究中心建立黄河流域灌溉试验中心站。近年来，单位对科研平台建设及运营管理形成了一整套科学规范的管理制度，积累了丰富的建设和运营管理经验。单位每年接待中外领导、专家近百人次，在设施建设和运行管理方面取得的成就受到了领导和同行的赞赏。

3.3.4　具有扎实的前期工作基础

黄科院引黄灌溉中心相关人员多次赴水利部农水司汇报，听取相关指示，明确了黄河流域灌溉试验中心站的建设思路、发展定位等。同时，组织相关人员分别赶赴黑龙江、内蒙古、宁夏、陕西、河南、山东、北京等地的灌溉试验站开展调研，进行座谈交流，了解其在试验站建设、运行管理等方面的经验教训。

同时，多次组织技术人员开展试验站建设地点调研，走访了新乡市平原新区、新乡市原阳县、郑州市中牟县等地，对建设地点的交通、水源、电路、土壤条件等进行了现场勘察，技术人员对各建设地点进行了初步比选。初步确定试验站建设地点为新乡市原阳县，其优势在于运行管理方便、不改变农田性质、交通便利、水源条件优越。

此外，建议书编制阶段，相关技术人员从建设规模、结构选型、建筑做法、试验设备等方面进行比选，最终确定的方案充分体现了经济性、先进性、代表性强等优势，且建成后运行维护费最经济。

综上所述，由黄科院引黄灌溉中心建设黄河流域灌溉试验中心站是可行和非常必要的。

3.4 试验场概况

3.4.1 建设地址比选

为满足建设试验站及长远开展灌溉试验的需求,对周边地区农田踏勘选点,初选三处农田作为试验站站址,具体位置见图3-2。

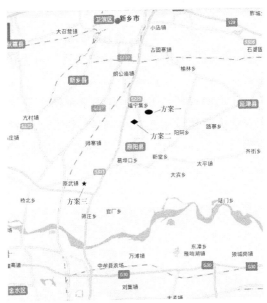

图3-2 黄河流域灌溉试验中心站站址

方案一位于河南省新乡市原阳县福宁集镇政府东,九支渠北侧,文岩支排西侧,占地面积约60亩。现状为一般农田。方案一遥感影像图见图3-3。

该方案的优势在于:一是周边代表性强,推广、辐射范围大;二

图 3-3 方案一遥感影像图

是紧邻镇政府,交通便利,生产、生活条件完善。劣势在于:土地购置价格较高。

方案二位于河南省新乡市原阳县福宁集镇小吴庄村南,位于村庄和河南农业大学建设用地之间,东侧紧挨 S229 省道,西侧为农田。地块为长方形,面积约 50 亩,土地性质为建设用地。土地现状为菜地、树木、建筑物、养猪场、农田等。方案二遥感影像图见 3-4。

图 3-4 方案二遥感影像图

该方案的优势在于:一是土地性质为建设用地,便于开展工程建设;二是交通便利,周边农田面积较大。该方案的劣势在于:一是站址呈长条形,且紧邻村庄;二是现状地表构成较为复杂。

方案三位于河南省新乡市平原新区师寨镇南香山村,占地面积约 60 亩,现状为一般农田。方案三遥感影像图见图 3-5。

图 3-5 方案三遥感影像图

该方案的优势在于:一是站址周边为农田,具有开展大田试验的代表性;二是当地村民、乡镇较为积极,承诺提供开展建设必需的建设用地等;三是站址紧邻文岩支排,具备开展面源污染防治、水生态修复等方面试验研究的便利条件。其不利的条件在于:一是站址北部道路为田间土路,距离最近的乡间硬化道路距离约 200 m,可能会对本项目的施工、运行等产生一定的不利影响;二是站址西侧规划有一条道路,目前具体的位置仍未批复,也可能会对本项目的实施产生影响。

三个方案的场地平坦,土、水、光、肥等条件均满足灌溉试验要求,具有一定代表性。但是方案二具有村庄干扰性,方案三的交通现状及未来规划道路会对试验站产生一定的不利影响。

经综合比选,确定方案一满足黄河流域灌溉试验站的建设要求,符合黄河流域灌溉试验与技术推广示范发展的要求,适宜作为试验站站址,能保障灌溉试验工作的长期、稳定开展。因此,本次设计采用方案一。

3.4.2 自然条件

项目所在区域位于中国寒冷地区(Ⅱ区)B区南部,靠近夏热冬冷地区(Ⅲ区北部),气候冬冷夏暖,四季分明,各主要气候数据及设计参数如下:

年平均气温: 14.2 ℃;

年极端最高温度: 42.0 ℃;

年极端最低温度: -19.2 ℃;

冬季采暖室外设计温度: -3.9 ℃;

冬季通风室外设计温度: -0.2 ℃;

夏季通风室外设计温度: 30.5 ℃;

冬季室外平均风速: 2.1 m/s;

夏季室外平均风速: 1.9 m/s;

基本风压值: 0.40 kN/m^2;

基本雪压值: 0.30 kN/m^2;

最大冻土深度: 210 mm;

气象条件可保证正常施工要求。

3.4.3 地质条件

场地地貌单一,地貌单元属太行山前冲洪积倾斜平地。勘探未发现不良地质作用及对工程不利的埋藏物。工程环境条件较好,适宜进行工程建设。

3.4.4　抗震设防

建筑设防类别为丙类,抗震设防烈度为Ⅷ度,设计基本地震加速度值为 0.20g,设计地震分组为第一组。

3.4.5　给排水、电源

拟建场地交通运输方便,水、电基础条件良好,基地内的给排水系统及供电均可直接与市政连接,满足本工程的建设需要。

实验室与办公生活区用水可接中心站西面的镇政府自来水管道。

试验站附近有 10 kV 福街线中岳农 5 支 02 号高压线经过,经实地考察,其供电满足试验站需求,可作为取电接口,在试验站内设 250 kVA 箱式变电站。

3.4.6　建筑材料

主要建筑材料如水泥、钢材、木材等,均可在当地建材市场选购。

3.5　建设目标、原则和依据

3.5.1　建设目标

通过本项目的实施,建成完备的黄河流域灌溉试验中心站,配套满足黄河流域灌溉试验发展需求的基础设施,配备技术先进的仪器设备,具备作物需水规律分析、灌溉制度制定、灌区规划设计、黄河流域水资源精细调度、灌溉水利用系数核算、灌溉效益分析、区域农业结构调整、墒情监测与灌溉预报、灌溉理论研究与新技术开发等基础支持能力。联合流域内省区灌溉试验站,建成黄河流域层面高效灌溉技术试验研究、农业用水需求分析和预报,以及流域层面的技术推广、示范与培训科研基地,构建农村水利和水资源管理监测分析体系,形成相关技术的开发平台和展示窗口,搭建农村水利和水资源管理专业人才培养基地。

3.5.2 建设原则

3.5.2.1 符合国家规定的原则

项目的建设需符合国家的法律法规与相关规范,并需符合国家与地方关于环境保护、抗震设防、消防安全等方面的有关法规。

3.5.2.2 满足国家需求的原则

立足于《全国灌溉试验站网建设规划》开展流域层面高效灌溉技术试验研究、农业用水需求分析和预报,以及流域层面的技术推广、示范与培训等工作,做好黄河流域农村水利和水资源管理领域基础研究工作,提高水资源的利用效率和效益,解决黄河流域水资源紧缺、供需矛盾、生态环境脆弱等问题。

3.5.2.3 科学、合理、技术先进的原则

充分利用国内外的先进技术,因地制宜地选择测验方法,提高数据采集、传输、处理能力,基础设施与仪器装备经济实用、安全可靠。各建设内容的设计均按照自动控制标准建设,实现试验观测立体化,数据采集、传输、处理自动化和模拟、分析精细化。

3.5.2.4 效益最大化原则

充分发挥试验研究设备的作用和使用效益,努力提高试验研究设备的开发使用能力,采用原型观测、试验研究、计算分析相结合的路线,使科研试验设备的效益最大化。

3.5.2.5 自主研究开发与引进消化吸收相结合原则

自主研究开发与引进消化吸收相结合,加大自主创新研究力

度,密切跟踪国际农村水利和水资源管理监测技术的发展,加强技术交流和合作,积极采用国际国内先进的农村水利和水资源管理监测技术和设备,加快学科进步。

3.5.2.6 注重实用性原则

在建设内容能够满足研究目标基本功能需求的前提下,选择最经济的建设方案,最大限度降低工程造价。

3.5.3 建设依据

3.5.3.1 国家法律法规

《中华人民共和国水法》;

《中华人民共和国水文条例》;

《中华人民共和国水污染防治法》;

《中华人民共和国水土保持法》;

《农田水利条例》;

《取水许可和水资源费征收管理条例》。

3.5.3.2 标准及规范

《灌溉试验规范》(SL 13—2015);

《农田排水试验规范》(SL 109—2015);

《节水灌溉工程技术规范》(GB/T 50363—2018);

《喷灌工程技术规范》(GB 50085—2007);

《微灌工程技术规范》(SL 103—1995);

《灌溉与排水工程设计规范》(GB 50288—2018);

建筑、结构、给排水、供电、暖通等相关技术规范详见第6章。

3.5.3.3 相关文件

《中共中央国务院关于加快水利改革发展的决定》(2011年中央1号文);

《国家粮食安全中长期规划纲要(2008~2020年)》;

《国家农业节水纲要(2012~2020年)》;

《全国灌溉试验站网建设与发展规划》(水利部灌溉试验总站);

《水利部办公厅关于印发 2014 年农村水利工作要点的通知(办农水函〔2014〕195 号)》;

《水利部关于加快推进水生态文明建设工作的意见(水资源〔2013〕1 号)》。

3.5.4　试验站的职责和任务

黄河流域灌溉试验中心站是对现有全国灌溉试验站网结构的补充和完善。其将为全国站网的管理分担任务和责任,从协调、监督、指导的角度而言,黄河流域灌溉试验中心站是做好上引下联工作的抓手。从业务、技术的角度而言,黄河流域灌溉试验中心站开展支撑黄河流域农村水利管理的特色灌溉试验,联合流域内灌溉试验站开展流域层面灌溉协作试验,对黄河流域灌溉试验数据进行整理发布,对灌溉试验成果进行推广应用。

黄河流域灌溉试验中心站是流域机构农村水利管理的技术抓手。2012 年以前,流域机构的农田水利管理职责大多不强。随着黄委农水局的成立和职责的明确,当前流域机构的农田水利管理职责虽说有了定位,但仍然缺乏足够的技术支撑。若黄河流域灌溉试验中心站成功建设,作为流域层面农村水利管理和水资源管理的技术支撑,将成为黄委农水管理的最重要的技术抓手。

黄河流域灌溉试验中心站的主要职责是:

协助做好全国灌溉试验工作的发展规划,负责做好流域灌溉试验工作的发展规划;对流域范围内试验站进行业务指导及人员培训,组织开展流域层面的技术推广、示范与培训;开展流域层面灌溉用水方面的综合分析研究工作,如灌溉用水水平、灌溉工程运行状况、先进灌溉节水技术和经验等;开展流域层面的农业用水需求分析和预报,为流域农业水资源配置和水资源管理提供技术依据;负责流域灌溉试验资料的收集整理上报,构建流域层面灌溉试验综合信息数据库;协助全国灌溉试验站网的运行管理等。

黄河流域灌溉试验中心站的主要任务是:

(1)协助做好全国灌溉试验工作的发展规划,负责做好流域灌溉试验工作的发展规划。

(2)对流域范围内的试验站进行业务指导及人员培训,组织开展流域层面的技术推广、示范与培训。

(3)开展流域层面灌溉用水方面的综合分析研究及特色性试验任务工作,如灌溉用水水平、灌溉工程运行状况、先进灌溉节水技术等。

(4)开展流域层面的农业用水需求分析和预报,为流域农业水资源配置和水资源管理提供技术依据。

(5)负责流域灌溉试验资料的收集整理上报,构建流域层面灌溉试验综合信息数据库。

(6)协助全国灌溉试验站网的运行管理。

(7)完成上级部门交给的其他任务。

其中,黄河流域灌溉试验中心站承担的特色试验任务如下:

(1)先进节水灌溉理论与技术专项试验。流域站依托技术及人才优势,开展非充分灌溉、痕量灌溉、微润灌溉、分区灌溉、地表水与地下水联合灌溉等先进节水理论与技术试验,丰富完善节水灌溉理论与技术。

(2)浑水灌溉试验。针对黄河水沙特点,深入开展不同含沙量、颗粒级配及不同作物的浑水灌溉试验,开展浑水滴灌、浑水喷灌技术试验研究,为黄河流域浑水灌溉推广应用高效灌溉技术提供基础支撑。

(3)雨水高效利用试验。省区试验站普遍缺乏模拟降雨试验区,流域站利用设施及技术优势,开展不同降水量、雨强条件下的作物有效降雨试验研究,为雨养农业区、补充灌溉区作物高效利用雨水提供技术支撑。此外,不同区域雨水利用试验研究,也可为黄河水资源调度与配置提供技术支撑。

(4)组建黄河流域灌溉试验站网,开展流域灌水水平评估试验。统筹协调流域省区灌溉试验站,开展主要农作物灌溉定额、灌溉效益评估试验,指导流域水资源总量控制、定额管理,为水资源管理加强监管提供支撑。

(5)面源污染防治试验。开展面源污染主要污染物监测、吸附、处理试验研究,提出面源污染对区域水质影响规律及防治措施,为减轻和治理农业面源污染对黄河流域地表水和地下水水体污染危害提供支撑。

3.6　建设内容及规模

3.6.1　基础设施

为满足开展灌溉试验工作的基本需求,黄河流域灌溉试验中心站均需具备能独立开展试验的专用试验区(包括大田和保护地)、综合实验室;配备标准气象站,具备电动(或手动)防雨设施的测坑区、大型蒸渗仪试验区,精细地面灌溉、滴灌和喷灌等灌水技术试验区,设施农业试验区等;配置较完善的灌溉排水设施、必要的应急水源、专用配电线路和信息化设备等。

3.6.1.1　专用试验区

专用试验区是开展相关试验研究的专用区域,将分别建设七大功能区,分别为测坑试验区、大型蒸渗仪试验区、精细地面灌溉试验示范区、滴灌试验示范区、喷灌试验示范区、设施农业试验示范区、农业气象综合观测场。

1. 测坑试验区

测坑作为农业水利研究的基础设施,通过配套观测设备、控制设施(移动式雨棚、地下水控制系统等),能够实现对农田水分转化各环节的精确测量与调控,结合取样分析可以监测农田溶质迁移过程,主要用于测定作物需耗水过程,并研究农田水管理模式、施肥处理及耕作措施等精确调控下农田水氮变化规律,是顺利开展作物需水规律、水分生产函数、灌溉制度、"四水转换及溶质迁移"等研究的基础条件。

《全国灌溉试验站网建设规划》中以经济、先进等方面考虑,提出流域中心站建设3组共72个测坑。根据《灌溉试验规范》(SL 13—2015)等的要求,本次建设考虑灌溉试验按照2个因素、4个水平、3个重复计算,共需2×4×3=24个小区,则黄河流域灌溉试验中心站需建设测坑试验区1组、24个测坑。结合我国黄河流域已建测坑规格,确定本项目测坑小区规格为3.3 m×2.0 m×1.85 m(长×宽×深)。测坑需配套电动防雨棚、监控室及必备的基础数据采集设施等,共占地75.0 m×16.0 m=1 200 m²,约占地2亩。

2. 大型蒸渗仪试验区

农田水分平衡和SAPC系统水分运行研究是实现农业水分高效利用的理论基础之一。在干旱环境条件下的农田水分平衡中,较难测定的要素有农田蒸腾蒸发量、地下水毛细上升量和土壤水渗漏量、根系吸水模型中参数的标定等。准确测定这些要素对于定量研究农田水分平衡和提高水资源的评价精度具有十分重要的意义。近年来,因为蒸渗仪能够准确测定相关要素而成为许多重要研究机构配备的标准研究平台。

称重式蒸渗仪目前已成为农田蒸发蒸腾量观测的标准设备,在全世界得到了广泛应用。其直接测定的农田蒸腾蒸发量(蒸散量)、地下水毛细上升量和土壤水渗漏量等,通常用来衡量其他方法效果的好坏。为满足黄河流域农作物SPAC系统水分运移与节水灌溉机制等方面研究的需求,需要具备高精度的农田蒸发蒸腾量监测能力。

《全国灌溉试验站网建设规划》中以经济、先进等方面考虑，提出流域中心站建设 4 个大型蒸渗仪。根据《灌溉试验规范》5.2.2 条目的要求，结合国际通用的称重式蒸渗仪型号，本次建设按照 2 个试验处理、2 个重复考虑，确定购买、安装 4 套先进高精度称重式蒸渗仪，规格为 3 m(长)×2 m(宽)×3 m(深)，配套控制用房与防雨棚等。考虑周边保护区面积，占地约 2 亩。

3. 精细地面灌溉试验示范区

精细地面灌溉试验示范区的主要功能是围绕小麦和玉米等粮食作物、蔬菜和果树等经济作物，开展不同种植条件下精细地面灌溉技术、浑水地面灌溉技术等方面的试验研究，其中，一些精细的探索性内容，需与测坑试验相配合。该试验区占地面积约 14 亩。

根据《灌溉试验规范》(SL 13—2015)，对于地面灌溉每个小区为 0.05~0.5 亩；小区形状以矩形为好，长宽比以 2:1~6:1 为宜。在以上范围内，再根据河南豫北地区播种机规格与以往的试验经验，小区规格取用 24.0 m×4.8 m，面积为 115.2 m²，长宽比为 5:1，长边顺东西方向。各试验区周边布设保护区，保护区采用 24.0 m×1.2 m，面积 28.8 m²。

初步设计的试验方案包括两方面：一是农作物的精细地面灌溉技术试验，二是农作物浑水地面灌溉试验。初步设定每项试验内容处理包括 3 种作物类型、3 个不同处理、每个处理 3 个重复，则两项试验内容总的试验小区数量为 54 个。

综上计算，试验小区面积约为 54×(115.2+28.8)/667 = 11.7(亩)。考虑田间道路及灌排设施面积，则精细地面灌溉试验示范区总面积约为 14 亩。

4. 滴灌试验示范区

滴灌试验示范区的主要功能是围绕不同粮食作物与经济作物开展滴灌试验研究，占地面积约 12 亩。

小区规格取用 24.0 m×4.8 m，面积为 115.2 m²，长宽比为

5:1,长边顺东西方向。各试验区周边布设保护区,保护区采用24.0 m×1.2 m,面积28.8 m²。初步设计的试验方案包括三方面:一是滴灌灌溉制度试验,二是不同滴灌管布置形式节水效果试验,三是滴灌条件下农田水土环境变化试验。初步设定每项试验内容处理包括2种作物类型、3个不同处理、每个处理3个重复,则三项试验内容总的试验小区数量为54个。

综上计算,试验小区面积约为54×(115.2+28.8)/667=11.7(亩)。考虑10%的田间道路面积,则滴灌试验示范区总面积约为12亩。

5.喷灌试验示范区

喷灌试验示范区的主要功能是围绕小麦和玉米等粮食作物、蔬菜和果树等经济作物,开展不同规格喷灌设施灌溉试验。占地面积约12亩。

小区规格取用24.0 m×4.8 m,面积为115.2 m²,长宽比为5:1,长边顺东西方向。各试验区周边布设保护区,保护区采用24.0 m×1.2 m,面积28.8 m²。初步设计的试验方案采用3种不同规格的喷灌设施,每种规格包括农作物和蔬菜2种不同种植方式、3个不同处理、每个处理3个重复,则以上试验内容总的试验小区数量为54个。

综上计算,试验小区面积约为54×(115.2+28.8)/667=11.7(亩)。考虑10%的田间道路面积,则喷灌试验示范区总面积约为12亩。

6.设施农业试验示范区

设施农业试验示范区的功能是用于开展设施种植条件下,不同作物种类的需水过程、小气候变化影响、水肥耦合、节水灌溉制度、节水灌溉方式等方面的试验研究。计划开展西红柿、大蒜及芹菜等的水、肥、药一体化灌溉试验,灌溉方式为滴灌,根据《全国灌溉试验站网建设规划》《灌溉试验规范》(SL 13—2015)和灌溉试验要求,建设 1 座温室大棚,单座建筑面积 800 m²,温室大棚周边应有保护区,并考虑 10% 的道路面积以及预留 1 座温室大棚占地面积,计算占地面积约 3 亩。

7. 农业气象综合观测区

根据《全国灌溉试验站网建设规划》,黄河流域灌溉试验中心站将建设标准气象站 1 座,主要用于开展降雨、径流、蒸发、风速、太阳辐射等基地代表区域农业气象因素的观测。考虑周边保护区面积,总占地面积约 2 亩。

3.6.1.2 综合实验室

综合实验室建设内容主要包括专用实验区、公用区域和配套功能区,总建筑面积约 750 m²。

1. 专用实验区

专用实验区主要功能包括生态环境分析区、土壤理化分析区、植物作物生理分析区,建筑面积约 540 m²。其中:

(1)水环境化验室(面积 160 m²)。主要用于检测《生活饮用水卫生标准》(GB 5749)中的 42 项常规指标,以及氨氮、总氮、总磷、溶解氧、石油类、溴化物、硫化物、电导率等。安置水质测试分析仪器 20 余台(套)。

(2)土壤理化化验室(面积 160 m²)。主要开展土壤电导率、全盐、盐分八大离子、含水率、干容重、土壤硬度、土壤有机质、土壤紧实度,以及土壤总氮、氨氮、硝氮、总磷等氮磷化合物的测定。安置土壤物理、化学性质测试分析仪器 20 余台(套)。

(3)土壤级配化验室(面积 20 m²)。主要开展土壤颗粒级配及分布情况的测试。存放激光粒度仪及配套真空泵、吸尘装置等辅助设施设备。

(4)土壤非饱和/饱和导水率化验室(面积 20 m²)。主要开展土壤非饱和导水率及土壤水势、pF 水分特征曲线等的测量。用于存放非饱和导水率测量系统、饱和导水率测量仪等。

（5）土壤入渗化验室（面积20 m^2）。主要开展土壤入渗规律、溶质运移等的测试。用于存放不同规格（直径20 cm、100 cm，高100 cm、150 cm等）、不同进水方式（垂向补水、侧面补水）的土柱。

（6）植物作物生理化验室（面积160 m^2）。主要开展植物叶片面积及其相关参数的测试，植物气孔阻抗、气孔导度、光合速率等的测量，植物根系生长特征、植物生长指标等的测量。安置作物、植物生理测试分析仪器20余台（套）。

2. 公用区域

公用区域主要包括样品接收、待测、留存、前处理区、称量室、常用耗材储藏室、资料档案室，建筑面积约130 m^2。其中：

（1）样品接收、待测区（面积25 m^2）。主要开展试验样品的接收、登记、归类、初步标记等业务，存放待检试验样品。一般配置冰柜、样品架、样品柜、记录台等设施。

（2）样品留存区（面积20 m^2）。主要用于检测后样品的存放与保留。配置冰柜、样品架、记录台等设施。

（3）样品前处理区（面积25 m^2）。主要用于开展土样、植物样、水样等的前期处理，包括消煮区、研磨区与干燥区等。消煮区主要用于进行土样、植物样等的消煮，安装通风管道与通风橱，存放电热消解炉、高压消解仪等仪器及其配套设备。研磨区主要用于土壤、植物样品的研磨处理与过筛处理，存放植物粉碎机、土壤粉碎机及各种标准筛。研磨室设通风口，安装通风管道。干燥区主要用于样品、仪器、试验材料的烘干，以及样品的灰化处理，存放电热鼓风干燥箱、马弗炉等。

（4）称量室（面积20 m^2）。主要用于开展样品的高精度称量，存放万分之一及更高精度的电子天平，总共需要6台高精度天平。

（5）常用耗材储藏室（面积20 m^2）。主要用于存放常用试验药品、试验耗材、玻璃仪器、取样瓶、野外取样设备等。放置药品柜、药品冰箱、不透光暗柜、酸柜、碱柜、有机药品柜等，配备通风设施。

（6）资料档案室（面积 20 m²）。用于存放实验室档案、仪器设备档案、试验记录档案等，方便查阅。放置档案柜，阅读桌椅等。

3.配套功能区

配套功能区主要包括卫生间、楼梯间、走廊、值班室等公用部分，建筑面积约 80 m²。放置桌椅、资料柜等，配套水电暖系统。

3.6.1.3　配套设施

根据试验站开展灌溉试验的需求，配备必需的灌溉、排水、试验及防护等基础设施。配套设施包括水源 1 套、水泵及首部系统 1 套、供电系统 1 套、灌溉系统 1 套、排水系统 1 套、供暖系统 1 套、围栏 900 m、道路约 4 500 m²、信息化系统 1 套等，见表 3-2。

表 3-2　黄河流域灌溉试验中心站基础设施建设内容汇总

序号	项目	单位	规模	说明
一	专用试验区	亩	47	
1	测坑试验区	亩	2	24 个测坑区及配套的数据采集系统
2	大型蒸渗仪试验区	亩	2	4 个大型蒸渗仪及配套的数据采集系统
3	精细地面灌溉试验示范区	亩	14	用于开展小麦、玉米、蔬菜和果树等地面灌溉试验，包括田间土地整理与数据采集系统
4	滴灌试验示范区	亩	12	用于开展滴灌相关试验，包括配套设备与数据采集系统
5	喷灌试验示范区	亩	12	用于开展不同规格喷灌设施灌溉试验，包括配套设备与数据采集系统
6	设施农业试验示范区	亩	3	1 个温室大棚，开展针对蔬菜的水肥一体化试验
7	农业气象综合观测场	亩	2	包括标准化气象观测场、水文要素观测区等

续表 3-2

序号	项目	单位	规模	说明
二	综合实验室	m²	750	与预留的办公生活区合计占地面积约6亩
1	专用实验区	m²	540	包括水环境化验室、土壤理化化验室、土壤级配化验室、土壤非饱和/饱和导水率化验室、植物作物生理化验室、植物培养化验室
2	公用区域	m²	130	包括样品接收、待测、留存、前处理区、称量室、试剂室、常用耗材储藏室、无菌室、资料档案室、男女更衣室
3	配套功能区	m²	80	配套设备间、卫生间、楼梯间、走廊等公用部分,配套水电暖系统等
三	配套设施建设			占地约7亩
1	水源、水泵及首部系统	套	1	包括水源工程、水泵、首部系统及相关配件
2	供电系统	套	1	变压器、线路等,线路长3~4km,250 kVA箱变
3	灌溉系统	套	1	管灌系统1套
4	排水系统	套	1	田间排水沟、低压排水管系统各1套
5	供暖系统	套	1	
6	道路	m²	4 500	
7	围栏	m	900	
8	信息化系统	套	1	流域中心站+9个子站点的信息化配套系统1套

3.6.2　仪器设备

　　黄河流域灌溉试验中心站配备的仪器设备主要包括试验仪器设备和小型农机具。灌溉试验站配置播种机、脱粒机等小型农机具,满足灌溉试验站农田耕作的需要;按试验观测项目及参数配备相应的土壤水分测定仪器、土壤理化性质测定仪器、量测水专用设备,以及试验基础仪器设备等。

　　其中,试验站配备便携式土壤水分测定系统、土壤剖面水分测量系统和土壤水分温度定点监测及远程传输系统等土壤水分测定仪器;土壤水分特征曲线测定仪、原子吸收光谱仪、养分速测仪、定氮仪等土壤理化性质测定仪器;可移动流量计、灌区渠道水位监测系统和地下水观测站等量测水专用设备。

　　此外,根据工作内容需求,还需配备试验台架、冰箱、纯水机、土钻、铝盒、玻璃器皿、试剂等满足试验检测与分析需要的基础辅助设备。

　　黄河流域灌溉试验中心站仪器设备建设情况详见表3-3。

表3-3　黄河流域灌溉试验中心站仪器设备建设情况汇总

项目名称	单位	个数
1 试验仪器设备		
1.1 土壤水分测定仪器		
便携式土壤水分测定系统	套	2
土壤剖面水分测量系统	台	1
土壤水分温度定点监测及远程传输系统	套	3
1.2 土壤理化性质测定仪器		
土壤水分特征曲线测定仪	台	1

续表 3-3

项目名称	单位	个数
原子吸收光谱仪	台	1
养分速测仪	台	1
定氮仪	台	1
1.3 量测水专用设备		
可移动流量计	台	2
灌区渠道水位监测系统	套	2
地下水观测站	套	1
1.4 其他		
试验辅助设备(试验台架、冰箱、纯水机、土钻、铝盒、玻璃器皿及试剂)	套	1
2 小型农机具		
小型播种机	台	1
小型脱粒机	台	1

3.7 工程设计

3.7.1 试验站布置原则与方法

3.7.1.1 布置原则

按照"试验标准化、管理信息化、环境生态化"的标准开展黄河流域灌溉试验中心站总体布置,同时综合考虑以下原则:

(1)实用性原则。功能上实用,满足试验、展示、示范、推广等要求。

(2)生态性原则。在尽量减小对原有场地影响的条件下,在技术上注重生态与建筑的协调和科技手段的运用。

(3)经济性原则。在保证功能的前提下,考虑经济性,降低运营成本,并有利于建成后的经营管理。

(4)实施性原则。方案方便实施,可操作性强,最大限度符合多工种协同施工的需要。对于规划建设项目,分阶段逐步实施,以利于节约资金及合理使用资金。

3.7.1.2 布置方法

(1)试验区应根据地形地貌和土壤情况,因地制宜,全面考虑,综合规划。

(2)试验区的布置应能满足研究、试验、推广、监测等功能,设施到位。

(3)试验区的布置以试验区为主,办公区、生活管理区为辅,兼顾生态修复。

(4)现场试验与室内研究相结合。科学试验、先进监测、精细分析、严格档案管理。

(5)试验区应综合考虑不同作物种类、不同品种、不同灌水方法、不同灌溉制度、不同水肥条件等,项目齐全、划分合理、考虑各因素多水平要求,备有足够重复量。

(6)试验区应综合考虑并满足供水、排水、施工、交通、施肥、除害、收割、计量、监测仪器埋设、试验数据采集、保护区、隔离区等要求。

3.7.2 试验区布置与设计方案

3.7.2.1 专用试验区

专用试验区是开展相关试验研究的专用区域,按照试验功能的要求,拟定试验作物,然后根据作物特点选择灌溉方式。试验区内将分别建设七个主要功能区,分别为测坑试验区、大型蒸渗仪试验区、精细地面灌溉试验示范区、滴灌试验示范区、喷灌试验示范区、设施农业试验示范区、农业气象综合观测区。

为减少场地平整的工作量,降低工程投资,试验小区尽可能根据现状情况布置,同时,相同灌溉方式的试验小区应相邻布置。具体布置见图3-6。

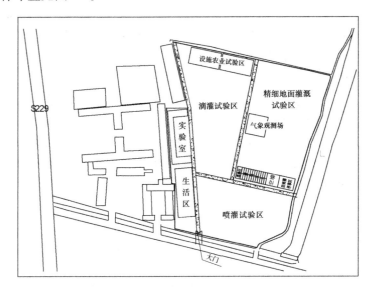

图3-6 黄河流域灌溉试验中心站布置图

1. 测坑试验区

1)建筑结构

黄河流域灌溉试验中心站需建设测坑试验区1组共24个测坑,配备地下廊道、自动防雨棚。根据《灌溉试验规范》(SL 13—2015)要求,每个测坑净面积取 2 m×3.33 m≈6.67 m²,周围设置保护区。

测坑基础结构为地下一层现浇钢筋混凝土剪力墙结构体系,

墙厚 250 mm。结构安全等级为一级,合理使用年限为 50 年,结构抗震等级为三级。混凝土强度等级 C30 防水混凝土,防渗等级 P6。钢筋类别 Ⅰ、Ⅱ 级钢筋。荷载设计值为 3.5 kN/ m^2。

观测室采用地下廊道形式,廊道净宽 1.75 m,廊道底板距离地面高度为 2.70 m,测坑底板距离地面高度为 1.85 m,底板基础形式为平板基础,上铺有混凝土。测坑具体结构自下向上分别是测坑底板、20 ~ 30 mm 卵石滤水层(靠近监测室一侧厚度 350 mm、外侧厚度 250 mm)、种植土,测坑底板与卵石滤水层之间铺设多孔滤水管,距测坑两侧钢板 0.40 m 处分别设 8 mm 厚钢板隔渗圈、嵌入底板 50 mm,厚钢板四角为腰长 10 cm 的等腰直角三角形形式。地下监测室廊道中间设 5 处镀锌钢板出气孔,出气孔尺寸为 800 mm × 800 mm。

(1)地下观测室入口形式。设地下观测室入口 1 处,入口采用楼梯踏步形式,楼梯净宽 0.9 m,楼梯采用混凝土浇筑台阶和装有防腐防锈的钢楼梯扶手,入口处安装上翻防水门,材质为轻质金属。

(2)防水形式。基础、侧墙防水形式采用铺设 1 层聚苯板保护墙、水泥砂浆保护层、SBS 改性沥青防水卷材;顶板、内壁和底板防水形式采用铺设 SBS 改性沥青防水卷材。

(3)测坑防水材料。测坑坑体内外由于长期与水土接触,坑体应考虑不变形、坚固耐久,耐腐蚀风化、防冻防渗的建筑材料,所以坑体采用 250 mm 厚抗渗钢筋混凝土现场浇筑。

(4)坑体边缘的处理。为了减少坑体边界条件的影响,使其导热性小,所以坑壁地面以上部分采用薄壁钢板,钢板厚 10 mm,高 30 cm,并涂白色油漆。坑壁露出地面的高度为 10 cm,其余 20 cm 埋入土中。

(5)地下排水。测坑地下排水系统主要由排水管网、供排水管路、集水井抽水装置等组成。集水井设置在测坑入口楼梯后的角落处,尺寸为 1 m×1 m×1 m,同时设置一根直径 5 cm 的镀锌拉丝管自集水井向上伸入土体,拐入防雨棚旁设置的排水沟中。

2) 自动防雨棚

(1) 材料。为了控制测坑土壤水分条件,防止试验期间意外降水补充,设置地上防雨棚。为了节省空间,自动防雨棚采用电动伸缩形式,总长 39.2 m,伸缩二层均为 19.6 m,棚顶部采用透光性较好的阳光面板。边缘高度分别为 2.10 m、2.57 m,二层跨度分别为 13.35 m、14.75 m,二层防雨棚弧形顶棚角度分别为 34°、32°,可同时满足测坑蒸渗器区遮雨需要。

(2) 结构。防雨棚为钢架结构,钢托架直径 12 mm,钢立柱采用 89 mm 圆管,钢檩条采用 30 mm×50 mm 钢管,横梁采用 38 mm 的圆管。防雨棚两端配 PVC 雨落排水管。

(3) 轨道基础。防雨棚基础为条形基础,基础宽、高分别为 300 cm、70 cm,基础为 3∶7,灰土 20 cm,C20 混凝土垫层 10 cm,C30 混凝土基础 40 cm。在基础表面埋设预埋件,以便与轨道连接。

(4) 轨道。移动轨道采用轻型火车轨道。根据伸缩长度安装不同长度的 2 条双钢轨。安装时要用水准仪进行超平。每条轨道上安装 2 台电机和 2 台减速器。

3) 自动供排水监测系统

该自动供排水监测系统设计可同时监测 1 组中的 24 个测坑,配备测坑土壤含水率、温度、盐分自动采集系统、潜水位控制系统、渗流量测系统、土壤剖面溶质检测系统、数据采集和控制器、有线以太网络数据传输系统、数据下载分析与管理软件等,可以对试验小区内土壤不同深度含水量和水位变化进行长期连续监测。

(1) 土壤含水率、温度、盐分自动采集系统。一组 24 个测坑,设计每个测坑分 8 层埋设 5TE 传感器,共 192 个。可同时对 192 个测点的水分、温度、盐分实时在线连续监测,也可以根据需要灵活选择测坑和测点,测量不同深度的土壤水分、温度、盐分参数变化情况,传感器布置示意图见图3-7,测坑试验区工程量统计表见表3-4。

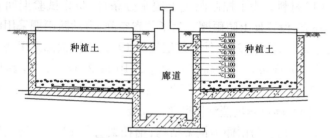

图3-7 传感器布设示意图

表3-4 测坑试验区工程量统计表

序号	名称	规格	单位	工程量
1	土方开挖		m³	1 371.6
2	土方回填		m³	792.4
3	试验土填筑		m³	302.5
4	卵石滤料排水层		m³	64.8
5	C20混凝土垫层－商品混凝土	C20	m³	55.5
6	C30测坑立墙混凝土－商品混凝土	C30	m³	205.6
7	C30测坑顶板混凝土－商品混凝土	C30	m³	20.8
8	C30测坑底板混凝土－商品混凝土	C30	m³	87.7
9	8 mm厚钢板	8 mm	t	5.5
10	10 mm厚钢板	10 mm	t	10
11	一级钢筋制安		t	8.7
12	槽钢〔10	〔10	t	8.1
13	预埋铁件		kg	298.7

续表 3-4

序号	名称	规格	单位	工程量
14	ϕ200 钢制通气孔制作与安装		个	5
15	预留观测孔		个	182
16	施工排水		项	1
17	C20 混凝土踏步	C20	m²	18
18	砖砌排水沟		m³	2.6
19	50 多孔滤水管		m	72
20	C30 集水井混凝土	C30	m³	1
21	厚聚乙烯丙纶高分子防水卷材		m²	750
22	5 cm 厚聚苯板保护墙		m²	265.3
23	2 cm 厚 1:2.5 防水砂浆		m²	750
24	坑底反滤层		m³	33.12
25	脚手架及垂直运输费		m²	133.04
26	内墙瓷砖		m²	213.5
27	轻质金属推拉防水门		m²	7
28	廊道及测坑涂料		m²	333.3
29	潜水泵　QD6 - 9 - 0.4	QD6 - 9 - 0.4	个	1
30	螺丝等零星部件		套	1
31	不锈钢楼梯扶手		m	8
32	5 mm 厚阳光板		m²	595.2
33	C30 排水沟混凝土	C30	m³	8.2
34	配电箱及遥控设备		套	1
35	4 mm² 阻燃铜芯线		m	130

续表 3-4

序号	名称	规格	单位	工程量
36	电机 Y100L2 – 43 kW		个	2
37	电动旋转电缆盘		套	1
38	槽钢[10	[10	t	1.8
39	角钢L 40 × 40 × 4	L 40 × 40 × 4	t	3.3
40	防雨棚顶部骨架钢筋制安		t	8.3
41	钢立柱(φ89 × 4)	φ 89	t	0.479 2
42	工字钢(工 100 × 68 × 4.5)	工 100 × 68 × 4.5	t	3.3
43	驱动轮、从动轮(150 × 80 × 55)及减速器装置		套	2
44	PVC 排水管	DN110	m	22
45	C30 轨道基础	C30	m^3	72.7
46	油漆(铁件)		t	13.8
47	螺丝等零星部件		套	1
48	马氏瓶及支架		套	24
49	投入式水位传感器	IK260	只	24
50	压差直头水位传感器	IK360	只	24
51	溢流桶		个	24
52	接头、气管、线缆、配件等		套	24
53	土壤水分、温度、盐分传感器	5TE	只	192
54	测量控制数据采集器	CR1000	个	6
55	软件		套	1

续表 3-4

序号	名称	规格	单位	工程量
56	以太网传输存储模块	NL116	个	6
57	野外防护机箱	FIBOX	个	6
58	陶土头吸滤器		只	384
59	取样瓶		个	192
60	取样瓶支架		套	24
61	电动吸引器		台	1
62	预留孔防渗		个	192
63	安装费		套	1
64	流量计		个	24
65	电控阀门		个	24
66	控制器模块		个	2
67	通信模块		个	24
68	防护箱		个	2
69	光电转换器		个	2
70	地标供水装置		套	24
71	防护性单相二、三级防溅插座		个	25
72	防护性单相三级防溅插座		个	2
73	应急灯		个	3
74	配电箱		个	1
75	LED 吸顶灯		盏	14
76	双联单控跷板开关		个	2

续表 3-4

序号	名称	规格	单位	工程量
77	三联单控跷板开关		个	2
78	100×50 工业线槽		m	40
79	50×20 工业线槽		m	140
80	YJV 电缆线管		m	50
81	ZR－YJV－500V－3X4		m	50
82	4 mm² 阻燃铜芯线		m	100
83	2.5 mm² 阻燃铜芯线		m	150
84	1.5 mm² 阻燃铜芯线		m	100
85	接地装置		套	1

土壤温度：精度为 ±1 ℃；分辨率为 0.1 ℃；范围为 －40 ~ 60 ℃。

土壤水分：范围为 0 ~ 100% vol；精度为 ±2%；输出信号为 0 ~ 1.2 V。

土壤电导率：范围为 0 ~ 3 000 MS/m；精度为 10%；输出信号为 0 ~ 1 V。

(2)潜水位控制系统。每个测坑配备一套马氏瓶、支架及监测马氏瓶水位的投入式水位传感器。可以实现自动向测坑土体补水、补水量自动测量，维持测坑内恒定水位。水位传感器可直接连接数据采集器。马氏瓶装置要求不渗水、不漏气，观测精度小于 0.01 mm，控制水位变幅小于 3 mm，有效容水量需满足每个测坑面积 6.60 m² 的潜水蒸发要求。水位传感器的测量范围为 0 ~ 0.5

m,测量精度为0.5%,供电方式为DC 24 V。

（3）渗流量测系统。每个测坑配备一套量筒、压差直头水位传感器,满足试验过程中每个测坑24 h的渗流量。水位传感器可直接连接数据采集器。量筒量测精度小于0.01 mm。水位传感器测量范围为0~1 m,测量精度为0.5%,供电方式为DC 24 V。

（4）土壤剖面溶质检测系统。每个测坑有8层陶土头吸滤器,共384个（用1备1）,每只陶土头连接一个土壤溶液取样瓶,每个测坑8个土壤溶液取样瓶可同时抽取土壤溶液,总共配备一台电动吸引器。陶土头布设与水分传感器布设深度相同。设计加工土壤溶液抽取系统（吸滤器）,满足土壤剖面规定位置、抽取土壤溶液要求。陶土管在施加-0.07 MPa吸力条件下,透水不漏气、连接系统也不漏气。

（5）数据采集和控制器。土壤水分、温度、盐分传感器、马氏瓶水位传感器、渗流量筒水位传感器都可直接连接数据采集器及数据扩展板,实现数据实时采集。美国Campbell数据采集器cr1000内部有4 M内存,16-bit微机控制器,内置32-bitCPU,直流12 V电源供电,模拟通道8个差分（16个单端）通道测量电压信号,分辨率为0.67 μV,可以直接测量模拟量传感器16个,工作温度范围为-25~+50 ℃。

（6）有线以太网络数据传输系统。与数据采集器连接,远程传输来自土壤水分、温度、盐分传感器,马氏瓶水位传感器,渗流量筒水位传感器的监测数据。

（7）数据下载分析与管理软件。数据采集器的支持软件包能够帮助数据采集器完成与计算机间的程序互动与通信,实现各种功能,实时和历史数据监控。

2. 大型蒸渗仪试验区

1）建筑结构

蒸渗仪基础结构为地下一层现浇钢筋混凝土剪力墙结构体

系。大型蒸渗仪按照 3 m × 2 m × 3 m 的结构设计,在测坑体系的基础上向前延伸 5.20 m,廊道底板距地面高度为 3.59 m,预留口径为 3.95 m × 2.8 m;地面上预留口径为 3.1 m × 2.1 m。测坑试验区与大型蒸渗仪试验区的地下观测廊道连接采用楼梯踏步形式,楼梯净宽 1.75 m,楼梯采用砖砌台阶装有防腐防锈的钢楼梯扶手,楼梯口设推拉门。

防水形式和防水材料与测坑试验区相同。

蒸渗仪试验区供排水系统与测坑试验区相似,排水系统在廊道底板两侧预留排水沟,并预留集水池,废水进入集水池后由排污潜水泵排放至地面渠道。

2)土壤蒸渗测量系统

与测坑试验区相似,该土壤蒸渗测量系统可对 4 台大型蒸渗仪同时进行监测,配备土壤含水率、温度、盐分自动采集系统、潜水位控制系统、渗流量测系统、土壤剖面溶质检测系统、数据采集和控制器、有线以太网络数据传输系统、数据下载分析与管理软件等部分,大型蒸渗仪试验区工程量统计,见表 3-5。

表 3-5　大型蒸渗仪试验区工程量统计

序号	名称	工程量	单位	说明
1	土箱	4	个	侧边 8 mm,底板 10 mm
2	多级杠杆式称重装置	4	套	分辨率 0.01 mm 水深,单级量程 2.5 t
3	高精度称重传感器	4	套	德国进口
4	渗漏量测量装置	4	套	采用翻斗流量计,分辨率 0.01 mm 水深

续表 3-5

序号	名称	工程量	单位	说明
5	工业计算机及配套	4	套	定制
6	测控软件	1	套	
7	USP 电源及电池	2	套	
8	扰动土填装	4	次	用户提供土壤
9	土壤水分、温度、电导传感器	32	层	
10	土壤水势传感器	32	层	
11	传感器数采	4	套	
12	土壤溶液提取装置	4	套	每套 8 个点位
13	运输及安装	1	次	
14	配套地下室建设	104	m²	

（1）每台大型蒸渗仪分 8 层埋设土壤含水率、温度、盐分传感器，进行实时在线连续监测，测量不同深度的土壤水分、温度、盐分参数变化情况。

（2）每台大型蒸渗仪配备一套马氏瓶、支架及监测马氏瓶水位的投入式水位传感器。可以实现自动向测坑土体补水、补水量自动测量，维持测坑内恒定水位。

（3）每台大型蒸渗仪配备一套量筒、压差直头水位传感器，满足试验过程中每台蒸渗仪 24 h 的渗流量。

（4）每台大型蒸渗仪有 8 层陶土头吸滤器，每只陶土头连接一个土壤溶液取样瓶，每台蒸渗仪 8 个土壤溶液取样瓶可同时抽取土壤溶液，总共配备一台电动吸引器。陶土头布设与水分传感器布设深度相同。

（5）土壤水分、温度、盐分传感器、马氏瓶水位传感器、渗流量筒水位传感器都可直接连接数据采集器及数据扩展版,实现数据实时采集。

(6)有线以太网络数据传输系统与数据采集器连接,远程传输来自土壤水分、温度、盐分传感器、马氏瓶水位传感器、渗流量筒水位传感器监测数据。

(7)数据采集器的支持软件包能够帮助数据采集完成与计算机间的程序互动与通信,实现各种功能,实时和历史数据监控。

3. 大田试验示范区

黄河流域灌溉试验中心站大田试验区包括滴灌试验示范区12 亩、喷灌试验示范区 12 亩、精细地面灌溉试验示范区 14 亩。

为减少场地平整的工作量,降低工程投资,试验小区尽可能根据现状情况布置。根据场地的地形情况,对各种作物试区整体布局,按照试验要求布置试验小区,并结合场地面积,适当调整小区数量。试验小区四周采用夯实的田埂与外界分割。工程量表详见表 3-6。

表 3-6   大田试验示范区工程量

序号	名称	单位	数量
1	平整土地(挖)	m³	7 604
2	平整土地(填)	m³	7 604

4. 设施农业试验示范区

1)建筑设计

(1)设计依据:

《民用建筑设计统一标准》(GB 50352—2019);

《工程建设标准强制性条文》(房屋建筑部分)(2013 年版);

《建筑内部装修设计防火规范》(GB 50222—2017);

《建筑设计防火规范》(GB 50016—2014);

《办公建筑设计规范》(JGJ 67—2006);

《屋面工程质量验收规范》(GB 50207—2012);

《公共建筑节能设计标准》(GB 50189—2015);

《科学实验建筑设计规范》(JGJ 91—1993)。

(2)建筑规划设计。在黄河流域灌溉试验中心站建设中的设施农业试验示范区内建设温室大棚。

(3)建筑平面设计。温室大棚长40 m、宽20 m,面积800 m², 条形布置。

(4)建筑立面设计。注重与周边现状建筑的尺度、色彩的协调。立面处理简练、轻巧,使整个建筑形象清新典雅。外墙面采用铝合金型材及密封胶条密封,四周覆盖阳光板。

(5)建筑剖面设计。地上一层,层高5.425 m,拱形轻钢屋面, 室内外高差0.15 m。

(6)装饰设计见表3-7。

表3-7 装饰设计

内容	地面	踢脚或墙裙	内墙面	顶棚	外墙
1#、2#、3#灰库	细石混凝土	水泥砂浆	乳胶漆墙面	轻钢顶棚	阳光板

(7)防水设计。建筑屋面防水等级为Ⅱ级,耐用年限15年。

(8)防火设计。耐火等级为二级,满足规范设计要求。

2)结构设计

(1)设计依据:

《建筑结构荷载规范》(GB 50009—2012);

《砌体结构设计规范》(GB 50003—2011);

《混凝土结构设计规范》(GB 50010—2015);

《建筑抗震设计规范》(GB 50011—2016);

《建筑地基基础设计规范》(GB 50007—2011);

《农业温室结构荷载规范》(GB/T 51183—2016);

《温室地基基础设计、施工与验收技术规范》(NY/T 1145—2006);

国家现行法律法规和建设单位提供的有关基础数据及技术资料。

(2)自然条件。

①建筑设防类别为丙类,抗震设防烈度为Ⅷ度,设计基本地震加速度值为0.20g,设计地震分组为第一组;

②基本风压:0.40 kN/m²(50年一遇风压);

③基本雪压:0.30 kN/m²(50年一遇雪压);

④场地类别为Ⅱ类;

⑤环境类别:室内正常环境二(a)类;露天及与土壤直接接触环境二(b)类。

(3)结构设计。轻钢结构,地上一层,建筑总高度4.50 m。结构安全等级为二级,合理使用年限为50年,结构抗震等级为三级。

①荷载设计值。不上人屋面为0.5 kN/m²。

②基础。地基基础设计等级为丙级,基础形式采用天然地基钢筋混凝土独立基础。

③材料。

混凝土:基础垫层为C15。

钢筋:基础受力筋均为HRB400(f_y = 360 N/mm²)级钢,箍筋为HPB300(f_y = 270 N/mm²)级钢。

砌筑材料:±0.00 m以下墙体采用M7.5水泥砂浆及MU10蒸压粉煤灰砖砌筑,±0.00 m以上墙体采用M5水泥砂浆及MU10蒸压粉煤灰砖砌筑。

(4)结构计算。采用中国建筑科学研究院编制的PKPM(2010网络版)软件进行计算。

3)工程量

设施农业试验区由基础工程、灌排工程和温室大棚结构工程组成,其工程量见表3-8。

表3-8 设施农业试验示范区工程量

序号	名称	规格	单位	数量
1	砖砌排水沟		m²	83
2	防水砂浆抹面	厚10 mm	m²	700
3	土方开挖		m³	83
4	温室大棚	厂家定做	m²	1 411

5. 农业气象综合观测场

灌溉试验的因素及成果与气象条件密切相关,必须取得当地必要的气象资料。故《灌溉试验规范》(SL 13—2015)规定:除邻近(5 km以内)有县级以上气象站,而且该站自然地理条件与试验站基本一致外,灌溉试验站都应建立气象观测场。根据《全国灌溉试验站网建设规划》,黄河流域灌溉试验中心站将建设标准气象站1座,主要用于开展降雨、径流、蒸发、风速、太阳辐射等基地代表区域农业气象因素的观测。

地面气象观测规范规定,气象观测场面积采用25 m × 25 m = 625 m²,气象观测场四周必须空旷平坦,边缘与四周孤立障碍物的距离至少是该障碍物高度的3倍以上;距离成排障碍物,至少是该障碍物高度的10倍以上。观测场四周10 m范围内不能种高秆作物。为保护仪器安全,场地四周设1.2 m高的网状围栏,防止人畜进入。场内铺设0.3 ~ 0.5 m宽的小路,空地种植均匀、高度不超过20 cm的矮草。计算该区域占地面积约2亩,工程量统计见表3-9。

3.7.2.2 综合实验室

1. 建筑设计

1)设计依据

《民用建筑设计统一标准》(GB 50352—2019);

《工程建设标准强制性条文》(房屋建筑部分)(2013年版);

表 3-9 农业气象综合观测场工程量

序号	名称	测量参数	测量范围	分辨率	准确度	数量	单位
1	全要素气象站	环境温度	-50~+80 ℃	0.1 ℃	±0.1 ℃	1	套
		相对湿度	0~100%	0.1%	±2%（≤80%）±5%（>80%）		
		露点温度	-40~50 ℃	0.1 ℃	±0.2 ℃		
		风向	0~360°	3°	±3°		
		风速	0~70 m/s	0.1 m/s	±（0.3+0.03）m/s		
		降水量	0~999.9 mm	0.1 mm	±0.4 mm（≤10 mm）±4%（>10 mm）		
		土壤温度	-50~+80 ℃	0.1 ℃	±0.1 ℃		
		土壤湿度	0~100%	0.1%	±2%		
		土壤热通量	-500~500 W	1 W/m²	≤5%		
		土壤水势	0~-1 500 kPa	1 kPa	±10 kPa		
		叶面湿度	0~100%	0.1%	<10%		
		大气压力	550~1 060 hPa	0.1 hPa	±0.3 hPa		
		蒸发	0~100 mm	0.1 mm	±1.5%		
		二氧化碳	0~2 000 ppm	1 ppm	±20 ppm		
		紫外线	0~500 W	1 W/m²	≤5%		
		总辐射	0~2 000 W	1 W/m²	≤5%		

续表 3-9

序号	名称	测量参数	测量范围	分辨率	准确度	数量	单位
1	全要素气象站	直接辐射	0~2 000 W	1 W/m²	≤5%	1	套
		日照时数	0~24 h	0.1 h	±0.1 h		
		光合有效辐射	0~500 W	1 W/m²	≤5%		
		光照度	0~20万 Lux	—	±7%		
		风寒指数	-79~+54 ℃	1 ℃	±1 ℃		
		紫外线指数	0~16	0.1	≤5%		
		PM2.5	0~500 ug/m³	0.1	±2%		
		能见度	0~10 000 m	0.01 m³/min	≤10%		
		气象生态环境监测仪	二十气象参数	0.1	高精度		
		观测支架	3 m	户外使用	钢结构,外观喷塑防腐,含防雷保护装置		
		太阳能供电系统	功率30 W	太阳能电池+充电电池+保护器			
		无线通讯控制器	短/中/长距离	免费收费传输			
		U 盘存储控制器	可选配	1 年以上存储量			
2	围栏				h=0.9 m	110	m
3	砂石路				b=0.5 m	62	m
4	植草绿化					1 334	m
5	土地平整					160	m³

《建筑内部装修设计防火规范》（GB 50222—2017）；

《建筑设计防火规范》（GB 50016—2014）；

《屋面工程质量验收规范》（GB 50207—2012）；

《公共建筑节能设计标准》（GB 50189—2015）；

《科学实验建筑设计规范》（JGJ 91—1993）。

2）建筑规划设计

综合实验室位于黄河流域灌溉试验中心站内西边。

3）建筑平面设计

综合实验室位于黄河流域灌溉试验中心站院内，整体呈 U 形布局，中间为附属服务用房，两侧为试验用房，南北长 32.4 m，东西长 51.6 m，总建筑面积 758.34 m²。

4）建筑立面设计

立面设计中力求与邻近建筑风格统一，注重与周边现状建筑的尺度、色彩的协调。立面处理简练、轻巧，使整个建筑形象清新典雅。

5）建筑剖面设计

综合实验室地上 1 层，因仪器设备需求净高 4.5 m，建筑高度 5.4 m，室内外高差 0.30 m。

6）门窗

窗采用断桥彩铝低辐射窗，银白色框料，玻璃采用净白色中空玻璃（6 + 12 + 6）。

7）装饰设计

装饰设计见表 3-10。

表 3-10　装饰设计

房间内容	地面	踢脚或墙裙	内墙面	顶棚	外墙
试验区	细石混凝土	水泥砂浆	乳胶漆墙面	乳胶漆	面砖
仪器存放、实验室	地砖地面	混合砂浆	乳胶漆墙面	乳胶漆	面砖

8)防水设计

建筑屋面防水等级为Ⅱ级,耐用年限 15 年。

9)防火设计

综合实验室为试验用房,每层为一个防火分区。满足规范设计要求。

2.结构设计

1)设计依据

《建筑结构荷载规范》(GB 50009—2012);

《砌体结构设计规范》(GB 50003—2011);

《混凝土结构设计规范》(GB 50010—2015);

《建筑抗震设计规范》(GB 50011—2016);

《建筑地基基础设计规范》(GB 50007—2011);

国家现行法律法规和建设单位提供的有关基础数据及技术资料。

2)自然条件

(1)建筑设防类别为丙类,抗震设防烈度为Ⅷ度,设计基本地震加速度值为 0.20g,设计地震分组为第一组。

(2)基本风压:0.40 kN/ m²(50 年一遇风压)。

(3)基本雪压:0.30 kN/ m²(50 年一遇雪压)。

(4)场地类别为Ⅱ类。

(5)环境类别:室内正常环境二(a)类;露天及与土壤直接接触环境二(b)类。

3)结构设计

综合实验室采用钢筋混凝土框架结构,地上一层,建筑物室外地面至檐口的高度为 5.1 m。结构安全等级为二级,合理使用年限为 50 年,结构抗震等级为三级。

(1)荷载设计值。

专用实验室:3.5 kN/ m²。

数据处理室:2.0 kN/ m²。

疏散楼梯:3.5 kN/ m²。

上人屋面:2.0 kN/ m²。

不上人屋面:0.5 kN/ m²。

(2)基础。地基基础设计等级为丙级,拟采用钢筋混凝土独立基础,待下一阶段根据岩土工程详细勘察报告进行进一步优化设计。

(3)材料。

混凝土:基础垫层为 C15;独立基础、梁、板、柱为 C30;构造柱及其他为 C25。

钢筋:基础、梁、板、柱受力筋均为 HRB400($f_y = 360$ N/mm²)级钢,箍筋为 HPB300($f_y = 270$ N/mm²)级钢。

砌筑材料:±0.00 m 以下墙体采用 M7.5 水泥砂浆及 MU10 蒸压粉煤灰砖砌筑,±0.00 m 以上墙体采用 M5 专用混合砂浆及强度等级为 A3.5 级(3.5 MPa),干密度等级为 B06 级(≤600 kg/m³)加气混凝土砌块砌筑。

4)结构计算

采用中国建筑科学研究院编制的 PKPM(2010 网络版)软件进行计算。

3.给排水设计

1)设计依据

《建筑给水排水设计规范》(GB 50015—2003)(2009 年版);

《建筑灭火器配置设计规范》(GB 50140—2005);

《城镇给水排水技术规范》(GB 50788—2012);

《建筑设计防火规范》(GB 50016—2014);

国家现行法律法规和建设单位提供的有关基础数据及技术资料。

2）设计范围

包括建筑内给水工程、排水工程、消防工程。

3）给水

（1）用水量。

①生活用水量。最高日生活用水量标准 50 L/（人·日），最高日生活用水量合计为 1.0 m³/d。

②试验用水量 2 m³/d。

③消防用水量。室外消火栓用水量为 15 L/s。室外消防用水量由市政给水管网供给。

（2）水源。基地院内供水管网连成环状，市政水压为 0.3 MPa。

（3）给水系统。利用市政水压直接供水。每个实验室设水池。

4）排水

（1）污水。最高日生活生产污水量 3.5 m³/d，生活污水经院内的化粪池处理后排至市政污水管道。

（2）雨水。屋面雨水采用外排水系统，屋面雨水经雨水斗收集后，排至室外地面散水，并集中引入绿地和透水区域就地入渗。屋面设计重现期按 5 年设计，径流系数为 $\Psi = 0.90$。屋面雨水排放设施的总排水能力按 50 年重现期校核。

5）消防

根据《建筑灭火器配置设计规范》（GB 50140—2005）规定本建筑按中危险级，故配置基准为 2A。每具灭火器剂充装量为 4 kg，灭火器选用 MF/ABC4 手提磷酸铵盐干粉灭火器。

6）管材

室内给水管采用 PP-R 管（热熔连接）；室内排水管采用聚丙烯超静音塑料排水管。

7)节能及环保

(1)卫生洁具及五金配件选用建设部认可的低噪声节能节水产品。坐便采用不大于 6 L 的水箱,给水水嘴采用陶瓷芯密封,公共卫生间小便器及大便器采用自闭式冲洗阀,洗手盆采用感应式水嘴。

(2)管道采用节能环保型管材。给水管采用钢塑复合管,排水管采用超静音塑料排水管。

(3)给水系统竖向分区充分利用市政水压,减少机械提升。生活给水系统竖向合理分区,最低卫生器具配水点处静水压力不超过 0.3 MPa。

(4)建筑物的引入管设置水表计量。

4.电气设计

1)设计依据

《民用建筑电气设计规范》(JGJ 16—2008);

《建筑设计防火规范》(GB 50016—2014);

《低压配电设计规范》(GB 50054—2011);

《供配电系统设计规范》(GB 50052—2009);

《建筑照明设计标准》(GB 50034—2013);

《建筑物防雷设计规范》(GB 50057—2010);

《综合布线系统工程设计规范》(GB 50311—2016);

《视频安防监控系统工程设计规范》(GB 50395—2007);

项目建设单位提供的有关基础数据及技术资料。

2)设计内容

电气设计内容包括供配电系统、电气照明系统、综合布线系统、有线电视系统、安全技术防范系统、防雷和接地系统。

3)负荷等级及供电电源

(1)负荷等级。本工程安防系统用电为二级负荷,普通照明、空调、动力等其他负荷为三级负荷。

（2）负荷估算。视在功率 S_j = 758.34 m^2 × 100 VA/m^2 = 76 kVA。

（3）供电电源。在中心站内设置一座 250 kVA 的箱式变电站，为站内建筑物、温室、大棚等供电。本综合实验室从站内的箱变引来 220 V/380 V 低压电源。

4）供配电系统

（1）供配电系统采用放射式的供电方式。

（2）每间实验室设置动力配电箱。

5）电气照明系统

（1）本工程主要房间采用细管径三基色直管形荧光灯，走廊、卫生间采用节能吸顶灯。

（2）依据《建筑照明设计标准》（GB 50034—2013），选定照度值见表 3-11。

表 3-11　照度值

房间名称	照度（lx）	照明功率密度限值（W/m^2）	
		现行值	目标值
实验室	300	9	8
走廊	50	2.5	2
卫生间	75	3.5	3

6）综合布线系统

本工程采用六类非屏蔽系统，水平配线采用六类非屏蔽双绞线，信息点采用 86 系列插座配六类 RJ45 模块。实验室等房间设信息插座。

7）有线电视系统

本工程设有线电视接收设备，有线电视系统前端信号从市政有线电视台引来。内部信号传输网络由同轴视频分支器、分配器和放大器组成。接待室、值班室设有线电视插座,要求用户终端电平达到(64±4)dB,图像清晰度不低于4级。

8)安全技术防范系统

本工程设置视频安防监控系统、入侵报警系统。

(1)视频安防监控系统。监控机房设在一层值班室内。在走廊设置监控摄像机,建筑物外墙四角设置三防摄像机,系统考虑数字方式,引入智能分析功能,方便监控管理和回放查询。

(2)入侵报警系统。围墙设红外对射探测器、主要出入口设探测器,有非法闯入者,即触动报警,摄像机联动摄像。

(3)安防集成管理系统。整个安防系统采用集成控制管理,建立数据共享的数据库管理平台,达到在同一控制平台上操作控制和系统功能的联动。

9)防雷和接地系统

(1)本工程属第三类防雷建筑物。在屋顶设置接闪带,利用外圈结构柱内主筋上下通长连接作为防雷引下线,利用结构基础内主筋周圈连接作为自然接地极,要求接地电阻不大于1Ω。

(2)低压配电采用TN-S系统,保护地线和工作零线严格分开。

(3)强弱电信号进入建筑物内设置过电压保护装置。

(4)本工程应做总等电位联结。

(5)凡正常不带电、绝缘破坏时可能带电的用电设备的金属外壳、穿线钢管、电缆金属外皮、金属支架等均应与接地系统可靠连接。

5.暖通设计

1)设计依据

《民用建筑供暖通风与空气调节设计规范》(GB 50736—2012);

《全国民用建筑工程设计技术措施暖通空调动力》(2009

版)；

《建筑设计防火规范》(GB 50016—2014)；

《公共建筑节能设计标准》(GB 50189—2015)；

国家现行法律法规和建设单位提供的有关基础数据及技术资料。

2)设计范围

包括建筑室内采暖设计、通风系统设计。

3)设计计算参数

(1)室外设计参数见表3-12。

表3-12　室外设计参数

季节	大气压（mbar）	干球温度(℃)			湿球温度（℃）	室外平均风速（m/s）
		空调	采暖	通风		2.8
冬季	1 017.9	−5.8	−3.9	−0.2		
夏季	996.6	34.4		30.5	27.6	1.9

(2)室内设计参数见表3-13。

表3-13　室内设计参数

房间名称	干球温度(℃)		换气次数	噪声（dB）
	冬季	夏季		
专用实验室、公用区域和配套功能区	18			
门厅	14~16			
卫生间	14~16		10	

4)采暖系统设计

(1)暖热负荷。实验室面积 758 m²，采暖总热负荷为 53 kW，采暖面积热指标 70 W/ m²。

（2）热源。由站内水源热泵提供的 75/50 ℃热水连续供热。本工程设一个热力入口，为直接连接，引入点处设置阀门、过滤器、压力表及温度计。

（3）供暖系统。室内供暖系统采用垂直单管跨越式上供下回同程式系统。

（4）散热器选择。散热器选用钢管散热器，工作压力 1.0 MPa。

（5）管道及保温。管道采用焊接钢管，DN > 32 为焊接连接，DN≤32 为丝扣连接。管井及非采暖房间内管道均作保温，管径 DN≤25 采用 35 mm 厚超细玻璃棉管壳，保温，DN > 25 用 40 mm 厚玻璃棉管壳保温，外缠玻璃丝布后刷防火涂料两遍。

5）通风

（1）卫生间设置机械排风系统，换气次数分别为 10 次/h。

（2）实验室设置通风系统，排风换气次数 6 次/h，自然进风。

（3）其他房间自然通风。

3.7.2.3 配套设施

1. 水源

黄河流域灌溉试验中心站灌溉采取井灌模式，试验站内新打机井 1 眼，由水泵抽水至压力罐，经压力罐调压后输出至供水系统。灌溉输水系统采用低压管道输水设计。

1）机井设计

根据区域水资源评价等资料，该区域机井水质符合农业灌溉水质标准。据调研，相邻机井出水量一般在 30 ~ 50 m³/h，本工程偏安全考虑，取出水量为 35 m³/h。

根据《机井技术规范》（SL 256—2000）规定，考虑到运行时配潜水电泵等因素，井管内径采取 300 mm，外径 400 mm，过滤器需加填砾厚度，细砂层填砾层厚度 150 mm，则过滤器外径为 700 mm。滤料规格应为 0.5 ~ 1.5 mm，其直径为 1 mm；填砾厚度细砂含水层不小于 150 mm。填砾高度,从井底起算至井口下外壁5.0 m处。

中心站面积约 60 亩,机井设计出水量为 35 m^3/h,配套水泵型号为 200QJ32 - 48/3。此外,需配套井台、井盖和井堡,参照邻近地区的井泵配套工程,井台设计为正六边形,单边长度为 0.5 cm,轴长 1.0 m,采用 C20 碎石混凝土。井盖为钢筋混凝土结构。此外,根据安装 IC 卡等设备的需要,参照同地区其他井泵配套建筑,每眼新建机井需建设井堡装置。

2)系统管网设计扬程

灌溉系统的设计水头计算是水泵选择的重要依据,计算公式为

$$H = h_p + h_f + h_j + \Delta_z \qquad (3-1)$$

式中　　H——灌溉系统设计水头,m;

　　　　h_p——出水口处工作压力水头,m;

　　　　h_f——由水泵进水管到出水口处之间管道的沿程水头损失,m;

　　　　h_j——局部水头损失,m;

　　　　Δ_z——计算点与水源间地面高差,m。

根据项目区基本资料由以上公式计算,选择水泵型号以满足发展节水灌溉要求,按"低压管道输水灌溉水力计算表"计算结果选择水泵型号为 200QJ32 - 48/3,配套电机功率7.5 kW。

2.灌溉系统

项目设计执行水利部颁发的《低压管道输水灌溉工程技术规范(井灌部分)》(SL/T 153—1995)和《节水灌溉技术规范》(SL 207—1998)标准。

该项目主要种植棉花、小麦、玉米等大田作物。条田布置形式:一眼井控制面积为 40 亩,分为 3 个地块,1 号地块为喷灌试验示范区,位于流域中心站南端;2 号地块为滴灌试验示范区,位于流域中心站西北部;3 号地块为精细地面灌溉试验示范区,位于流域中心站东北部。管道布置形式为树状网式。

主要技术及经济指标(推荐方案):

(1)设计灌水定额为 50.75 m^3/亩;

(2)设计灌溉周期为 12 d(按大田作物而定);

(3)日最大工作小时数为 16 h;

(4)支管同时工作给水栓数为 2 个;

(5)干管用量为 140 m(ϕ90 mm);

(6)支管用量为 203 m(ϕ50 mm)。

1)设计依据及原则

依据国家水利部颁布的《节水灌溉技术规范》(SL 207—1998)和《低压管道输水灌溉工程技术规范(井灌部分)》(SL/T 153—1995)标准设计,结合项目区实际情况,尽量不改变原有已规划好的路、渠、排水沟、机井等,力求管路经济合理,满足流域中心站科研工作需求,以达到投资省、效益高、节水、节能、省地及便于管理的目标。

2)主要技术参数

(1)灌溉设计保证率,根据当地自然条件和经济条件确定,取100%。

(2)管系水利用系数,本次取 95%。

(3)田间水利用系数,本次取 85%。

(4)灌溉水利用系数,本次取 80%。

(5)灌水定额根据当地灌溉试验资料本次取 50.75 m^3/亩。

3)管道系统布置

(1)工程布置原则。根据流域中心站建站需求及项目区的实际情况,严格按照水利部颁布的节水灌溉工程技术规范的规定,本次规划以机井作为水源,在充分考虑作物种植比例、作物类型、土壤质地、周边地区丰产经验、单井涌水量等主要因素的基础上,确定机井数目、位置,并以单井作为独立系统进行规划,并尽量保持原有道路、河道不变,统一规划设计。管道设计力争方案最优,系统运行管理方便、安全,力求管道总长度短,管线平直、减少折点和起伏。

(2)工程总体方案。项目区共规划 1 眼井,结合原有井布置,采用单井管道系统,控制面积 40 亩。项目主要是低压管道输水结合喷灌、滴灌和标准畦灌,综合考虑机井位置、地块形状及田间工程配套等因素,确定采用树状管网。根据作物种类、系统流量确定采用干管输水,支管配水两级固定管道。项目区为单项浇水,支管间距取畦长作为间距。给水栓按照灌溉面积均匀布设,间距为 50 m。水源工程量见表 3-14。

表 3-14 水源工程量

序号	名称	型号	单位	数量
1	新打机井	井口 30 cm	m	80
2	C20 混凝土井台	1 m	套	1
3	混凝土井盖	1 m	套	1
4	井堡		座	1
5	潜水泵	200QJ32 – 48/3	台	2
6	低压电缆		m	45
7	加压泵房及设备		套	1
8	压力罐		座	1
9	离心 + 网式过滤器	2.5″	套	1
10	电磁阀		个	1
11	流量计		个	1
12	通信模块		个	1
13	控制模块		个	1
14	施肥罐		套	1

灌溉系统规划图见图 3-8,黄河流域中心站管道系统平面布置图见图 3-9。

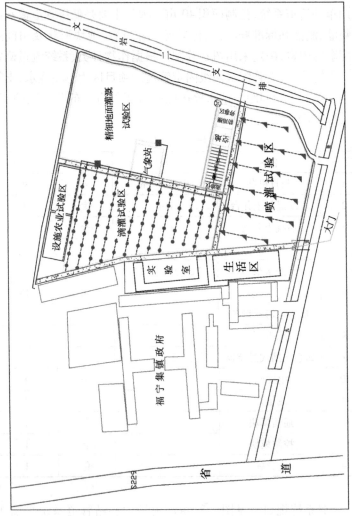

图 3-8 灌溉系统规划图

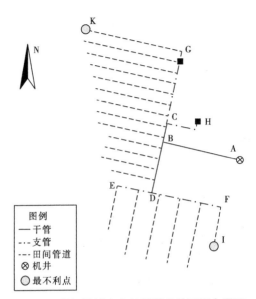

图3-9 黄河流域中心站管道系统平面布置图

4)工程设计

(1)设计灌水定额：

$$m = 10\,\gamma h(\beta_1 - \beta_2) \tag{3-2}$$

式中　m——设计灌水定额,mm;

　　　　h——计划湿润层深度,m,冬小麦、棉花取 600 mm;

　　　　β_1——适宜土壤含水量上限,取田间持水量的 95% ,田间持水量取 25% ;

　　　　β_2——适宜土壤含水量下限,取田间持水量的 60% ,田间持水量取 25% ;

　　　　γ——土壤干容重,沙壤土取 1.45 g/cm³。

即 $m = 76.12(\text{mm}) = 50.75(\text{m}^3/\text{亩})$。

(2)设计灌水周期：

$$T = m/Ea \tag{3-3}$$

$$T = \frac{m}{Ea} = \frac{76.12}{6.0} = 12.68(\text{d})，取 13 \text{ d}。$$

式中　T——中灌水周期，d；

　　　m——设计灌水定额，mm；

　　　Ea——作物日耗水强度，6.0 mm/d。

（3）灌溉系统设计流量。

灌溉系统设计流量按照式（3-4）计算。

$$Q_0 = \frac{\alpha m A}{\eta T t} \tag{3-4}$$

式中　Q_0——灌溉系统设计流量，m^3/h；

　　　α——控制性的作物种植比例；

　　　A——灌溉系统设计灌溉面积，m^2；

　　　η——灌溉水利用系数；

　　　T——一次灌水延续时间，d；

　　　t——日工作小时数，h。

项目区灌溉系统设计流量：

$$Q_0 = \frac{0.95 \times 50.75 \times 37.3}{0.8 \times 13 \times 8} = 21.6(\text{m}^3/\text{h})$$

（4）管道设计流量，按照式（3-5）计算：

$$Q = \frac{n}{N} Q_0 \tag{3-5}$$

式中　Q——中管道设计流量，m^3/h；

　　　n——管道控制范围内同时开启的给水栓个数；

　　　N——全系统同时开启给水栓个数。

灌溉系统管道设计流量：

干管为 $Q = 1 \times 21.6 = 21.6(\text{m}^3/\text{h})$

支管为 $Q = 2/6 \times 21.6 = 7.2(\text{m}^3/\text{h})$

（5）管材管径选择。

管道安置在地下，因此选择易安装、寿命长、耐腐性能佳的硬塑料管。

以经济流速选择管径：

$$d = 18.8\sqrt{\frac{Q}{v}} \qquad (3-6)$$

式中　d——输水管道内径，mm；

　　　Q——管道设计输水流量，$\mathrm{m^3/h}$；

　　　v——经济流速，根据不同管材经济流速表查得，PVC 管材经济流速为 1.2 m/s。

管径计算结果见表 3-15。

表 3-15　管径计算结果

管段	管道级别	设计流量（$\mathrm{m^3/h}$）	计算管径（mm）	选择管径（mm）	选择管内径（mm）
AB	干管	21.6	79.8	90	87
BC		10.8	56.4	60	57
BD		10.8	56.4	60	57
DE	支管	5.4	39.9	50	47
DF		5.4	39.9	50	47
CG		5.4	39.9	50	47
CH		5.4	39.9	50	47
GK	田间管道	5.4	39.9	50	47
FI		5.4	39.9	50	47

塑料硬质内壁光滑管沿程水头损失计算采用式(3-7)：

$$h_\mathrm{f} = fLQm/db \qquad (3-7)$$

式中　h_f——沿程水头损失，m；

　　　f——沿程管材摩阻系数，按低压管道输水灌溉工程技术规范取 0.948×10^5；

　　　Q——流量，$\mathrm{m^3/s}$；

　　　d——内径，mm；

L——管长,m;

m——长流量指数,按低压管道输水灌溉工程技术规范取 1.77;

b——管径指数,按低压管道输水灌溉工程技术规范取 4.77。

f、*m*、*b* 值在不同管道中的取值见表3-16。

表3-16 *f*、*m*、*b* 值

管道种类	$f(Q:\text{m}^3/\text{h}, d:\text{mm})$	*m*	*b*
钢管、铸铁管	6.250×10^5	1.90	5.10
硬塑料管	0.948×10^5	1.77	4.77

局部水头损失按沿程水头损失的 10% 计,计算结果见表3-17。

表3-17 管段水头损失计算

管段	管道级别	流量 (m^3/h)	管长 (m)	管内径 (m)	沿程水头损失(m)	局部水头损失(m)	水头损失 (m)
AB	干管	21.6	75	87	0.92	0.09	1.01
BC		10.8	17.3	57	0.47	0.05	0.51
BD		10.8	47.4	57	1.28	0.13	1.40
DE	支管	5.4	33.2	47	0.66	0.07	0.72
DF		5.4	66.8	47	1.32	0.13	1.46
CG		5.4	67.2	47	1.33	0.13	1.47
CH		5.4	36.1	47	0.72	0.07	0.79
GK	田间管道	5.4	97.2	47	1.93	0.19	2.12
FI		5.4	34	47	0.67	0.07	0.74

（6）水锤压力及防护措施。

在低压管道系统中，压力较小且管内流速不大，一般情况下水击压力不会过高。因此，在低压管道中，应严格按照操作规程，并配齐安全保护装置，不需进行水击压力计算。本项目区内低压管道灌溉工程属规模较小的管道输水灌溉工程，所以不再对系统管网进行水锤压力验算。特别注意在操作过程中，应缓慢启闭阀门以延长阀门启闭时间，从而避免直接水击并可降低间接水击压力。

3. 排水系统

（1）设计标准。为及时对各试验小区排除地面涝水，必须按照标准修建排水系统。此外，中心站的道路也需要设置排水系统。

排涝标准的设计暴雨重现期应根据排水区的自然条件、涝灾的严重程度及影响大小等因素确定，根据《灌溉与排水工程设计规范》（GB 50288—2018），新乡市排涝标准的设计暴雨重现期采用 5 年，设计暴雨历时为 1 d，排除时间为 2 d 排至作物耐淹深度。根据《室外排水设计规范》（GB 50014—2006），设计检查井间距为 50 m，进水口间距为 25 m。灌溉系统工程量见表 3-18。

表 3-18　灌溉系统工程量

序号	材料名称	规格型号	单位	数量	说明
1	管道土方开挖		m^3	208	
2	管道土方回填		m^3	208	
3	PVC - U 管	DN110（0.8 MPa）	m	593	
4	PVC - U 管	DN75（0.6 MPa）	m	567	
5	PVC - U 管	DN50（0.6 MPa）	m	52	
6	PVC - U 管	DN25（0.6 MPa）	m	320	
7	滴灌带	0.4 mm 厚	m	14 760	

续表 3-18

序号	材料名称	规格型号	单位	数量	说明
8	喷头	SD – 03	个	63	
9	弯头、三通、四通等连接件		套	1	
10	涂塑软管	De80	m	100	
11	泄水井		个	2	
12	阀体、法兰、压力表等		套	1	
13	零星材料		项	1	
14	管网安装	土方开挖	m³	71	
15	管网安装	土方回填	m³	69.5	
16	镇墩	40 × 40 × 40	m³	4.7	C15 素混凝土
17	打孔	φ5	个	1 800	PVC 管打孔
18	施肥罐	SFG – 150	个	2	
19	阀门井	1201	个	2	

（2）排水流量计算、断面设计。中心站的排水管网系统共分为 2 级。布置在各个试验区旁的排水支管及道路两旁的排水干管。排水管坡度选 3/1 000，采用 HDPE 材质。

各试验区尽头设排水口，排水汇入小区旁排水支管，排水支管的水汇入中心站道路旁的排水干管，排入试验站东部的文岩渠支排中。在各小区排水支管及排水干管上安装流量计，用以计量小区排水量。

分别选择排水支管与排水干管控制的最大面积进行雨水排水

流量的计算,确定管材直径,支管管径为 355 mm,干管管径为 630 mm。考虑防止管道内污水冰冻和土壤冻胀而损坏管道,因而对于没有保温措施的管道管底不能高于冰冻线以上 0.15 m,同时防止管壁因地面荷载而损坏,所以覆土厚度选择 1 m。

(3)工程量。排水系统工程量见表 3-19。

表 3-19　排水系统工程量

序号	名称	规格	单位	数量
1	HDPE 管	DN300	m	377
2	HDPE 管	DN630	m	383
3	弯头、三通、四通等连接件		套	1
4	土方开挖		m³	2 432
5	回填砂		m³	973
6	回填土		m³	1 459
7	检查井	DN1000	座	15
8	进水口		座	30
9	格栅	铸铁	m²	45
10	流量计		个	15

3.7.2.4　供电系统

供电电源接自中心站内福街线中岳农 5 支 02 号 10 kV 高压线缆,经变压后引入中心站变配电室。在中心站内设置一座 250 kVA 的箱式变电站,为基地内建筑物、测坑、蒸渗仪、温室大棚等供电,从中心站内的箱变引来 220/380 V 低压电源,按照明、空调、动力分系统供电。配电系统采用放射式的供电方式,室外电力电缆采用埋地敷设。每块试验区、实验室设置动力配电箱。

为防止绝缘破坏时的危险电压,在正常情况下,凡不带电的用电设备金属外壳,配电装置的金属构架、电缆外皮、母线外壳。电力线路的金属保护管等均采取接地保护。室外道路照明采用自动与手动控制结合开启关闭。供电系统工程量见表3-20。

表3-20 供电系统工程量

序号	项目	单位	数量
1	箱式变压器	台	1
2	高压远程智能计量断路器	台	1
3	远抄系统	套	1
4	氧化锌避雷器	组	1
5	电缆、护管、抱箍、刀闸等	套	1
6	供电通信管线改造	套	1
7	安装费	套	1

3.7.2.5 道路

黄河流域灌溉试验中心站用地范围以外围防护措施为界,占地面积60亩,整体地势平坦。中心站主路为机耕道,设计工程等级为V级(单车道),路面宽度4 m,辅路及设计为2 m的宽生产路面层材料均为混凝土。主干道排水为2侧排水,由路边排水口排向两侧的地下排水管。主路与辅路约4 500 m²(见表3-21)。

表3-21 道路工程量

序号	名称	单位	数量
1	15 cm厚C20混凝土道路	m²	4 500
2	30 cm厚片石(间隙用碎石填充)	m²	5 490
3	10 cm厚碎石垫层	m²	5 490
4	浆砌路缘石	m³	193

3.7.2.6　围栏

黄河流域灌溉试验中心站四周设置防护栏,防护栏下部为砖砌围栏墙,上部为锌钢围栏,防护栏总长度为 900 m。在围墙长边中间处开大门一座,大门采用电动伸缩门。大门长 6 m,高 1.5 m。围栏工程量见表 3-22。

表 3-22　围栏工程量

序号	项目	单位	数量
1	土方开挖	m³	402
2	土方回填	m³	262
3	C20 混凝土	m³	158
4	C10 混凝土垫层	m³	37
5	模板	m²	221
6	砖石浆砌	m³	376
7	瓷砖	m²	2 225
8	防水漆	m²	287
9	锌钢栏杆	m	900
10	电动伸缩门	m²	9
11	防护植物	m	900

3.7.2.7　信息化系统

黄河流域灌溉试验中心站围绕流域灌溉发展和流域水资源管理,开展具有流域特色的综合性灌溉试验和技术示范推广工作。流域灌溉试验中心站作为灌溉试验站网的有益补充和加强,根据流域灌溉发展和水资源管理需求,组织、指导流域内省区试验站开展相关试验与研究工作。在充分考虑全国灌溉试验站网在流域布局的基础上,根据需要在流域上、中、下游典型区域设立数据监测点。

根据黄河流域灌溉发展和水资源管理等需求,黄河流域灌溉试验中心站近期将着重开展以下工作任务:

(1)收集流域站网农业灌溉基础数据并进行分析总结,包括土壤墒情、地下水埋深、地下水温度、地下水矿化度、农业气象、作物种植结构、灌溉水利用系数等。

(2)分析整理各试验站所在地区代表性作物的需水量和灌溉制度,复核各地灌溉水利用系数。

(3)开展浑水灌溉试验、盐碱地改良试验、引黄用水需求试验与分析预测。

试验站网信息化建设以现代通信、网络、数据库技术为基础,实现站网上、中、下游典型区域 10 个站点(流域中心站 + 9 个子站点)数据远程采集、汇编、存储、共享的功能,主要由试验站智能管理信息平台和智能化精量灌溉控制与分析系统两部分构成。

1. 试验站智能管理信息平台

开发黄河流域灌溉试验站网农业需水预报与智能管理信息平台,租用通用的云平台供各试验站使用,最大限度实现站网内科技成果扁平化。

该平台将试验站网数据整理发布、灌区农业灌溉决策支持系统与智能灌溉控制相融合,是集 3S 技术、传感器技术、通信技术、计算机技术等于一体的系统平台。

按照 B/S 模式,用户界面体现为一系列 Web 网页,页面之间通过菜单操作、超链接等方式进行跳转。软件主要包含试验站信息、试验基地数据、智能灌溉控制、作物需水、试验管理五个功能模块。实现对试验站内的信息集成、灌溉决策与综合管理。

1)功能设计

根据系统需求分析,提取并详细划分系统的软件功能如图 3-10 所示,按照试验站信息、试验基地数据、智能灌溉控制、作物需水、试验管理 5 个模块进行组织。

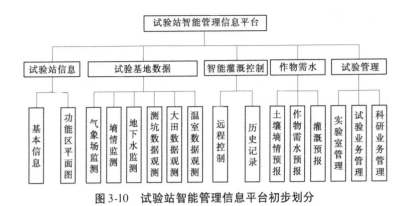

图 3-10　试验站智能管理信息平台初步划分

2) 软件基本功能

(1) 试验站信息。该板块通过平面地图标识试验站的地理位置，入试验站后展示试验站 3D 场景以及各区域功能及技术指标介绍。效果形象生动，便于用户了解试验站内区域位置、概况以及仪器设备安装位置。

(2) 试验基地数据。该板块实时动态显示各种变量的监测值及数据的标识，并按一定的频率进行采集并存入数据库。实现对气象场区、地下水观测区、渠道水位观测区、测坑试验区、大田试验区、温室大棚试验区的实时数据及历史数据查看，也可根据测点名称、采集时间段等查询条件来查看数据。查询结果以图表形式显示，并可直接下载图表或导出 Excel 文件。

(3) 智能灌溉控制。

①远程控制。在设备监控界面上直观显示相关电磁阀的位置、状态，是否启用轮灌，正在灌溉的组别，灌溉持续时间，当前系统时间显示等信息。该界面可以对电磁阀的状态统一实时查询；轮灌启动、界面锁定；电磁阀的单独开启关闭、状态查询。界面锁定以后(安全模式)，整个界面上操作人员不能有任何操作动作(不能控制设备，只能浏览查询信息)，只有通过密码实现解锁才

能进行控制操作。

控制方式灵活,可实现:

a. 自动控制。系统根据自动生成的灌溉计划在指定的时间自动打开灌溉控制终端进行灌溉,在指定的时间自动关闭阀门结束灌溉。

b. 定制灌溉模式。在经验数据库还没有建立起来时,也可以直接定制灌溉计划,在屏幕上直接设置任何一个灌溉系统的任何一个轮灌小区何时开始灌溉、灌多长时间等,系统会根据灌溉设计中的轮灌组分配,自动进行调整合并后下发执行。

c. 即时控制模式。也可不通过灌溉计划,在人为认为需要灌水时直接遥控打开或关闭某个轮灌区或水泵。

②历史记录。通过控制程序界面,可查询相应的历史灌溉记录,包括各泵阀的开启、关闭时间,灌溉时长、周期等。

(4)作物需水。该板块是基于 3S 技术[遥感(RS)、地理信息系统(GIS)、全球定位系统(GPS)],利用卫星遥感影像,ENVI、Google earth 等软件平台,结合物联网技术,采用多种类传感器实时监测土壤和作物变化情况,通过无线方式将采集到的数据传输到中央数据库,配合本地的生态大数据系统开展综合分析与智能决策。板块系统基于 net 平台,以 C#为开发语言,采用微软推出的基于 Windows 的用户界面框架 WPF 进行框架的搭建;系统采用黄科院引黄灌溉中心自主研发的种植结构分类算法实现灌区内种植作物的精细化分类;采用自主研发的土壤墒情实时预测模型、土壤墒情解译算法,实现灌区尺度实时监测农田土壤墒情情况,并对未来半个月的土壤墒情信息变化情况进行预测;采用自主研发的灌区农业灌溉需水模型,融合灌区作物、土壤、灌溉工程、气象等信息进行空间尺度的转换计算,实现目标区域基于人工智能的灌溉需水参数设定,计算获得不同尺度控制范围内灌溉需水量和引黄需水量,向用户控制端发送引黄需水预报;采用河段需水预测模型,进一步实现黄河不同河段农业灌溉引黄用水需求预测,可有效支撑黄河水量精细调度工作。

(5)试验管理。该板块包括实验室管理、试验业务和科研项目三部分。

①实验室的管理。实验室的主要功能是对试验站的相关仪器设备进行管理。用户可依需要添加、修改、删除仪器设备的详细信息,并可根据仪器编号、仪器名称等查询条件来查找仪器,查看仪器信息。

②试验业务。对试验站内开展的试验进行管理和查询。用户根据实际情况添加、删除和修改试验详情,并可上传试验相关的文档和材料。用户也可根据试验序号、名称等查询条件来查看试验信息,下载试验相关附件。

③科研项目。主要对试验站内开展试验的相关课题进行管理和查询。用户根据实际情况添加、删除和修改课题具体内容,并可上传合同、成果等相关附件。用户也可根据课题序号、名称等查询条件来查看课题信息,下载相关附件。

2.智能化精量灌溉控制与分析系统

精量灌溉控制将是节水灌溉的主要发展方向,按照流域中心站加9个子站点为实施区域,每个试验站配置气象观测系统1套,土壤墒情在线监测设备3台,地下水位监测仪1台,电磁流量计、电磁阀、数据采集与传输模块等1套。监测设备通过无线传输与控制系统连接,实现由流域中心站对各个试验站典型田块灌溉用水情况进行跟踪监测与智能分析,见图3-11。

该系统是集自动控制技术、专家系统技术、传感器技术、通信技术、计算机技术等于一体的灌溉管理系统。系统基于物联网技术,采用多种类传感器实时监测土壤和作物变化情况,通过无线方式将采集到的数据传输到中央数据库,数据库根据目标作物、土壤、气象等情况,配合本地生态大数据系统,采用农田土壤水分变

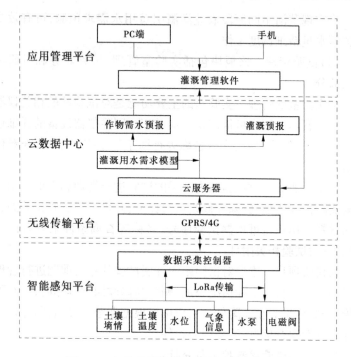

图 3-11 智能化精量灌溉控制与分析系统构架

化预测模型、灌溉用水需求模型等对目标区域进行基于人工智能的灌溉参数设定,计算确定作物最佳灌溉时间,向用户控制端发送作物需水预报及灌溉预报。灌溉系统可根据计算所得参数自动控制一系列机电设备实施上述灌溉程序,并在灌溉过程中,根据土壤墒情的反馈评估灌溉效果,自主更新改进人工智能决策。此外,也可按照当地常规的灌溉制度设置参数,系统根据监测数据分析作物需水情况,判断农田节水效果和水分利用效率,提出优化策略。

建设中央计算机自动灌溉控制系统 1 处,其主要特点是:

(1)自动化。实现首部系统自动控制,田间灌溉过程自动控制,土壤、气象、地下水等信息的自动监测采集。

（2）智能化。融合作物需水需肥数学模型，实现基于降雨、温度、电导率等简易信息的农田土壤水肥信息智能诊断及智能预报功能，实现首部系统、灌溉管路、土壤与作物等多方信息的实时反馈。

（3）低耗能。采用变频节能优化设计，集成节能电磁阀无线控制技术，降低能耗。

（4）精细化。灌溉用水、用电精确计量与控制。

（5）科学管理。依托智能控制软件，实现区域土壤、作物、气象、水源、灌溉工程、信息工程等信息的科学管理，实现灌溉成果、经济效益的展示与发布。

信息化系统工程量见表 3-23。

表 3-23　信息化系统工程量

序号	材料名称	单位	数量	备注
1	气象观测系统	套	10	
2	土壤墒情在线监测设备	台	30	
3	地下水监测仪	台	10	
4	电磁阀	个	10	
5	流量计	个	10	
6	数据采集器	台	10	
7	通信模块	套	10	
8	控制模块	套	10	
9	试验站智能管理软件	套	1	

3.7.2.8　办公生活区

办公生活区建在中心站综合实验室南边，采用钢筋混凝土框架结构，地上一层。由建设单位自筹经费建设，本次设计不做详细说明。

3.8 施工组织设计

3.8.1 施工条件

黄河流域灌溉试验中心站位于河南省新乡市原阳县,距离新乡市区 38 km,靠近 107 国道,周边道路通畅,交通便利,进出场地的道路可以满足施工交通要求。

拟选地块基本平整,水、电、给排水、网络等配套设施已齐备,具备施工条件。

主要建筑材料购置:本建设项目所需的水泥、钢材、泥沙、砖石等材料均可在当地建筑市场采购。

3.8.2 施工组织形式

根据项目所在地区劳动力和生活必需品以及承包市场等情况,为便于建设管理和加快进度,本项目由黄科院引黄灌溉中心统一组织实施。

3.8.3 施工要求

成立由建设单位、设计单位、监理单位和施工单位组成的项目部,施工过程中,施工班组自检,项目部专业质量检查员巡检,对不合格处立即整改,并报建设单位和监理复查。以上工作层层落实,确保工程质量优良。

3.8.4 施工进度

本项目建设周期为 2 年。项目初设审查批复后,4 个月内完成工程招标工作,选定建筑施工单位,以及仪器设备加工或供货商;22 个月内完成所有建筑安装及设备购置安装项目,24 个月内完成工程验收。

制定保证质量的各项措施,对承接项目任务的单位进行资质审查,对涉及质量的材料进行验收和控制,对设备进行预检控制,对有关方案进行审查。

对工程质量进行控制,对工序交接、隐蔽工程检查、设计的变更审核、质量事故的处理、质量和技术鉴定等进行控制,对出现违反质量规定的事件、容易形成质量隐患的做法采取措施予以制止。

建立实施质量日记、质量汇报会等制度,以了解和掌握质量动态,及时处理质量问题。

3.8.5 进度控制

编制或审核项目实施总进度计划,审核项目阶段性进度计划,制订或审核材料供应采购计划,找出进度控制点,确定完成日期。

建立反映工程进展情况的施工日记,进行工程进度检查对比,对有关进度及时计量并进行签证,召开现场进度协调会等。

当实施进度的计划发生差异时必须及时制定对策。制定保证不突破总工期的措施,包括组织措施、技术措施、经济措施等。制定总工期突破后的补救措施,然后调整其他计划,建立新的平衡。

3.8.6 投资管理

进行风险预测,采取相应的防范措施。熟悉项目设计图纸与设计要求,分析项目价格构成因素,事前分析费用最容易突破的环节,从而明确投资控制的重点。

定期检查和对照费用支付情况,对项目费用超支和节约情况做出分析,提出改进方案,完善信息制度,掌握国家调价范围和幅度。

3.8.7 安全控制

根据《中华人民共和国安全生产法》《建筑安全生产监督管理规定》等国家、省、市有关法规,在施工过程中,建筑工程安全生产管理必须坚持安全第一、预防为主的方针,建立健全安全生产的责任制度和群防群治制度。

3.8.8 合同管理

本项目合同主要包括勘察设计合同、施工合同以及和建筑工程相关的其他合同。合同管理由合同的主要条款、合同的订立和履行、合同的变更和解除、合同的违约责任等部分组成。按本项目的规模和工期、项目的复杂程度、项目的单项工程的明确程度等,选择合同的具体类型和使用条款。

3.8.9 招标管理

按照国家关于加强工程质量管理的有关规定,本项目要严格执行基本建设程序,确保工程质量,对设计、勘探、监理、招标代理等服务采用比选或集体研究方式确定,对于施工、重要设备材料等采购严格按照招投标法执行。可自行招标,也可委托有资质的招标代理公司组织招标。

3.8.10 运营管理

3.8.10.1 试验站归口管理

试验场工作由黄河水利科学研究院引黄灌溉工程技术研究中心归口管理。

3.8.10.2 试验站内部管理

(1)黄河流域灌溉试验中心站通过向国家申请公益类项目经费及运行维护费用于试验站日常运行和维护、仪器设备购置和升级改造,安排专人负责试验场的日常管理和仪器设备维护。

(2)试验站实行"开放、流动、联合、竞争"的运行管理机制,建立规范的规章制度,努力充实实验室科研基础设施,使之在国内处于领先水平。试验场形成良好的学术氛围,积极创造条件吸引国内外客座人员来试验场开展科研试验,广泛开展对外合作与交流。

(3)试验站严格贯彻"安全第一、预防为主"的方针,确保项目实施后符合职业安全的要求,保障试验工作人员在试验过程中的安全和健康,提高效率。

(4)试验站仪器设备和材料等物资的管理,按照《重点试验室仪器设备管理办法》《重点试验室材料、低值易耗品管理办法》《重点试验室物资工作的若干规定》等有关法规、规章执行。

(5)对试验站硬件设备进行现场调试,保证质量,在后期使用过程中定期检查和维护,建立切实可行的保护措施。

(6)开展试验前,需编制试验工作方案,并组织专家进行论证、评审,保证试验方案切实可行。

3.9 节能及环保

3.9.1 施工期环境保护措施

本项目位于河南省新乡市原阳县,施工期间应注重环境保护。

3.9.1.1 扬尘污染防治

(1)施工场地应设置硬质围挡,每天定期洒水,防止浮尘产生,在大风日加大洒水量及洒水次数。

(2)施工场地道路必须硬化,工地出口要设置车轮冲洗设施,运输车辆驶出施工现场前要将车轮和槽帮冲洗干净,确保车辆不带泥土驶离工地。

(3)施工场地内运输通道及时清扫冲洗,以减少汽车行驶扬尘。

(4)垃圾、渣土要及时清运,施工土方要覆盖。

(5)运输车辆应密闭运输,严防沿途道路遗撒,进入施工场地应低速或限速行驶,以减少产尘量。

(6)避免露天堆放起尘物(如回填用土、建筑砂石等),易起尘物料必须严密遮盖;严禁凌空抛撒垃圾,渣土。

3.9.1.2 噪声污染防治

合理安排施工时间,应尽可能避免大量高噪声设备同时施工。除此之外,使用高噪声设备的施工阶段应尽量安排在白天,减少夜间的施工量。

对动力机械设备定期进行维修,避免因松动部件振动或消声器损坏而加大设备工作时的声级。

3.9.1.3 废水处理

施工污水和生活污水不得以渗坑或漫流方式排放,各类临时建筑物的排水系统,都必须和下水管网连接,将施工期产生的污水有组织地收集、处理后排放。

为保护该区地下水,禁止利用生活垃圾和弃物回填沟、坑等。

3.9.1.4 施工固废防治

(1)施工弃土处置。弃土应当设立堆土场,进行集中处理。表层土可以用于绿化用地,底层土用于回填。

(2)施工生产料的处理。对钢筋、钢板下脚料可以分类回收。

(3)对生活垃圾应加强管理,用垃圾桶收集,垃圾堆放点不得排放生活污水,不得倾倒建筑垃圾,禁止生活垃圾用于回填,以防止对地下水的污染。

3.9.2 运营期环境保护措施

3.9.2.1 污染源分析及治理

本项目投入使用后产生的污染物主要是职工的生活污水及丢

弃的生活垃圾。

3.9.2.2 废弃物处置

废弃物主要是员工的一些生活垃圾,应采用设置垃圾桶,并配置清洁人员及时清扫、集中,每天由垃圾车送到垃圾场处理。

3.9.2.3 试验材料保护措施

试验站在使用过程中为满足试验需要,应设置专用的试验材料堆放区域,为了保证试验材料的安全,以及免受外界雨水、大风的影响,本工程在试验站内部设置了专门的试验材料堆放区域。

3.9.3 消防

本项目把防火放在重要位置,各栋建筑物之间距离满足消防要求,周边消防通道畅通。定期检查消防器材,定期对电源、线路、电器进行检查,特别是冬春季节,气候干燥,要重视和预防火灾隐患。

3.9.4 环境效益评价

本建设工程无任何污染性项目,不会对环境造成破坏。同时,建议在工程中,采用建设部、省建设厅相关部门推荐使用的环保建材及设备,并满足生态循环要求,交付使用前对室内环境进行监测评估,防止形成建材污染,使试验站成为一座绿色环保建筑。

试验田全部采用高效节水灌溉模式,并对机井、灌溉系统的运行进行监测和远程控制,实现精准灌溉,同时开展的技术示范与推广、技术服务等工作能带动周边农民开展高效节水灌溉技术学习,推动区域农业现代化发展。此外,试验站拟开展的农业面源污染防治、水生态修复技术等试验研究将对周边环境治理产生积极作用,推动临近的韩董庄灌区支渠和文岩排沟生态治理及区域水生态文明建设。

3.9.5　节能

3.9.5.1　设计依据

设计依据为《民用建筑热工设计规范》(GB 50176—2016)。

3.9.5.2　节能措施

(1)在规划中引进生态环保设计理念,通过合理的建筑布局及环境设计,充分利用自然环境。

(2)建筑设计尽量采用天然采光、自然通风,以减少暖通耗能。

(3)给水管采用节能型管材,采用节能型水龙头,卫生洁具均采用节水型产品。

(4)合理选定供电半径。将变电所设置在负荷中心,可以减少低压线路长度,降低线路损耗。

(5)合理设置无功功率补偿。在低压配电室装设补偿电容器,灯具自带补偿装置,功率因数补偿到 0.90 以上,减少无功功率损耗。

(6)建筑照明数量和质量符合现行国家标准《建筑照明设计标准》(GB 50034—2013)的规定,实验室的显色指数≥80,走廊、卫生间的显色指数≥60,光源色温 3 300~5 300 K。

(7)本工程各场所使用的灯具均采用节能型灯具,配节能电感镇流器或电子镇流器。合理选择照明控制方式,分时段、分区域控制照明开闭。

(8)照明功率密度值均不高于现行国家标准《建筑照明设计标准》(GB 50034—2013)中规定的现行值。

(9)选用节能型采暖通风设备。

(10)对有保温要求的材料进行保温。

4 典型灌溉试验站建设

本书选取典型灌溉试验站,从建设定位、发展目标、工作任务及设施设备建设等方面进行了分析,对相关试验站建设和发展具有较强的指导意义。

4.1 基本情况

4.1.1 灌区概况

小开河引黄灌溉区位于黄河下游左岸,渠首距上游泺口水文站106 km,距黄河下游最后一个水文站——利津水文站60 km。该灌区地处黄河三角洲腹地,纵贯山东省滨州市中部,南起黄河大堤,北至无棣县德惠新河。东以秦口河及新立河为界,紧靠韩墩灌区,西与簸箕李、白龙湾、大崔灌区为邻。地理坐标东经117°42′~118°04′,北纬37°17′~38°03′。

灌区范围共辖7个县(区)18个乡镇,人口43.87万人,占滨州市总人口的12.76%。灌区控制土地面积14.982 0万 hm^2,占滨州市土地面积的15.9%,小开河灌区内现有耕地面积为8.493 3万 hm^2,占灌区土地面积的56.69%,现实际控制灌溉面积发展到8.426 7万 hm^2。设计引水流量60 m^3/s,加大引水流量85 m^3/s,年设计引水量3.930亿 m^3。灌区于1998年底建成通水,干渠全长96.5 km,其中输沙渠51.3 km、沉沙池4.2 km、输水渠41 km,骨干建筑物163座,输沙渠全部衬砌,输水渠衬砌工程20 km,输沙渠顶铺设沥青路47 km,总投资3亿余元。

4.1.2　地质地貌

灌区内地势平坦,坡度较缓,自然地形南高北低,渠首至徒骇河(长 18 km)地面坡度 1/4 570,徒骇河至勾盘河(长 25 km)地面坡度 1/16 700,勾盘河至白杨河(长 8.2 km)地面坡度 1/4 290,青坡沟至马山子河(32 km)地面坡度 1/15 000,渠首附近地面高程 12.5 m,白杨河附近地面高程 5.0 m,马山子附近地面高程 2.5 m。

灌区属黄河冲积平原,由于黄河泛滥冲积和海潮的侵袭,灌区内岗、坡、洼地相间,微地貌类型可大致分为河滩高地、决口扇形地、缓平坡地、区间浅平洼地、海滩地五种类型,以缓平坡地为主。

4.1.3　水文气象

灌区属半干旱、半湿润季风气候,有明显季节变化,春季少雨多风,蒸发量大,寒冷干燥;夏季气候炎热,雨量集中;秋季降雨较少,天高气爽;冬季气温较低,雨雪较少,天气寒冷。多年平均降水量 584 mm,6 ~ 9 月多年平均降水量为 457 mm,占全年的 78.25%,10 月至翌年 5 月,降水量仅 127 mm。由于降水量年际变化大,年内分配不均,形成了一年内春旱,夏涝,晚秋又旱的特点。

灌区内多年平均水面蒸发为 1 154 mm,为多年平均降水量的 2 倍。5、6 月蒸发量最大,约占全年蒸发量的 40%。多年平均气温 12.3 ℃,极端最低气温 - 22.7 ℃,极端最高气温 40.8 ℃。多年平均冻土深为 0.35 m,最大冻土深为 0.48 m。多年平均无霜期 210 d,最长 265 d,最短 180 d。年光照时数 2 400 ~ 2 700 h。

4.1.4　河流水系

小开河灌区南依黄河,区内主要排水河道有徒骇河、秦口河及其支流,马颊河、德惠新河在灌区北部边缘流过。徒骇河流经灌区南部,灌区控制范围内长达 27 km,秦口河流经灌区北部,是灌区的骨干排水河道,灌区控制范围内长达65 km,其支流有东支流、勾盘河、白杨河、青坡沟、仝家河、小米河、郝家沟。

4.1.5　水资源

(1)地表水。小开河灌区属海河水系,灌区多年平均径流深为50 mm,多年平均径流量为0.789亿 m^3,多年平均可利用量为0.102亿 m^3,内河客水主要指灌区内徒骇河、马颊河、德惠新河等河道来水,多年平均过境水量为11.4亿 m^3,多年平均可利用量为0.817亿 m^3,多年平均地表水可利用总量为1.035亿 m^3,灌区实际利用量仅为0.11亿 m^3。

(2)地下水。地下水资源主要指可供饮用和灌溉的浅层淡水资源,主要分布在干渠上游两侧的滨城、惠民、阳信三县区。地下水的补给途径主要包括:降雨入渗、黄河侧渗、引黄灌溉补给、引河灌溉补给、地下径流等。地下水资源总量为0.392 0亿 m^3,可利用量为0.281 0亿 m^3,现状实际开采量仅0.053 6亿 m^3。

4.1.6　土壤

小开河引黄灌溉区域为黄河冲积平原,地层均为第四系全新冲积层,成土母质是黄河搬运而来的非地域性母质,由黄河近代频繁决口泛滥的沉积物及黄河入海的回流淤积物组成。灌区上游和郝家沟以下岩性自上而下由亚砂、黏土和粉砂等组成。灌区内的土壤主要为潮土、盐化潮土、潮盐土和滨海潮盐土三大类,潮土和盐化潮土是主要的两种土壤类型。

灌区内土壤的基本特征为:土壤的机械组成以粉砂为主,土壤有机质含量较低。由于受成土母质和地下水的双重影响,土壤含有一定数量的可溶性盐分,对农作物的正常生长常产生不良影响。

4.1.7　黄河水文概况

根据利津站1950～2005年实测资料统计,进入河口地区的年均径流量为 318.0 亿 m³。随着黄河水资源开发利用程度的提高,利津站 3~6 月来水平均流量已降至 400 m³/s 以下,而且有不断减少的趋势,小于 200 m³/s 的天数不断增加,20 世纪 80 年代初期平均为 8 d,80 年代末期平均为 28 d。80 年代后干河断流现象频繁,1992 年黄河断流 83 d,1993 年 60 d,1994 年 74 d,1995 年 122 d,1996 年 136 d,1997 年达 226 d,1998 年 141 d。自 1999 年小浪底水库建成运行和黄河水量统一调度以来,黄河利津站再也没有出现断流。

4.1.8 灌区荣誉

小开河工程 2001 年被水利部评为"优质工程",并被誉为"山东省引黄灌区治理工程建设管理的典范";渠道绿化工程被团中央、国家林业局命名为"全国青年绿色示范工程";连续 8 年被省水利厅授予"文明单位";还被水利部授予"精神文明建设先进集体";并荣获全省"节水示范单位"称号;同时被省水利厅授予"科技工作先进单位";被省科协授予"全省科普教育基地",现为中国灌区协会理事单位、中国农业节水和农村供水技术协会常务理事单位。

4.1.9 引水效益

灌区自 1998 年引水以来,沾化冬枣、阳信鸭梨、无棣金丝小枣的品质和产量明显提高,社会效益、经济效益、生态效益十分可观,《人民日报》头版头条、中央电视台新闻联播、焦点访谈、经济半小时等栏目先后进行了报道,《大众日报》《中国水利报》也分别就工程效益、渠道绿化、工程管理进行了报道。

4.1.10 灌区近况

近年来,小开河灌区注意生态保护和恢复,节水的同时,注重生态需水量,动植物资源丰富。完成的《小开河引黄生态灌区建设与管理模式研究》,属国内首创,居国内领先水平。2013 年小开河湿地公园被山东省林业厅命名为"省级湿地公园"。

灌区注重科技研究,先后有四项课题获省水利科技进步奖。与中国水科院合作完成的《小开河引黄灌区泥沙长距离输送及优化配置研究》获省科技进步一等奖,开创了滨州水利的先河,也是十年来滨州市作为第一完成单位再次获得的省科学技术奖高等级奖励。被山东省科协授予(2010～2014 年)"山东省科普教育基地"称号,成为 2010 年滨州市两家创建成功的省级科普教育基地之一,在全省水利行业尚属首例。

灌区注重水文化的挖掘及水利风景建设,充分利用现有资源,建成了一个生态景观带和六大景区。2010 年,小开河引黄灌区水利风景区被评为"国家水利风景区"。

小开河引黄灌区运行 15 年以来累计引水 30 亿立方米,增产粮食 8 亿斤,经济效益、生态效益、社会效益非常显著。

4.2　项目建设的必要性和可行性

4.2.1　项目建设的必要性

4.2.1.1　位于黄河三角洲,地理位置特殊、具有代表性

山东省内目前有五个国家级灌溉试验站,其中省中心站 1 处,位于济南市。重点试验站 4 处,分别是山东省聊城市位山灌区灌溉试验站、山东省小埠东灌区灌溉试验站、山东龙口市王屋灌区灌溉试验站、山东桓台县农业综合节水重点试验站。

五个试验站分别代表了山东省东、南、西、中四个区域,但是在山东省"北部",位于国家"黄蓝"两区经济开发主战场的黄河三角洲尚未有具代表性的试验站。小开河灌区位于黄河三角洲腹地,

属黄泛冲积平原,在气候条件、作物种类、生产水平等方面都具有典型性、代表性,在灌区建设灌溉试验站可有效填补区域空缺。同时,伴随着黄河三角洲高效生态经济区的发展,该区域具有广阔的发展前景。

4.2.1.2　是保证国家粮食安全战略的需要,是"渤海粮仓"和"千亿斤粮食"的主战场

2014 年 1 月 19 日中共中央、国务院印发了《关于全面深化农村改革加快推进农业现代化的若干意见》,要求:完善国家粮食安全保障体系,抓紧构建新形势下的国家粮食安全战略。指出:把饭碗牢牢端在自己手上,是治国理政必须长期坚持的基本方针。

2009 年,国务院已正式批复《黄河三角洲高效生态经济区发展规划》,黄河三角洲地区的发展上升为国家战略,成为国家区域协调发展战略的重要组成部分。伴随经济的快速发展,我国粮食安全问题越来越突出。为增加粮食生产,国家出台了《全国新增1 000亿斤粮食生产能力规划(2009 ~ 2020 年)》,提出稳定粮食的关键是稳定粮食播种面积,通过改善灌溉条件,改造中低产田,提高耕地的产出能力。2011 年 12 月山东省在"山东省千亿斤粮食生产能力建设规划实施方案(2009 ~ 2020)"中提出黄河三角洲开垦宜农荒地 150 万亩,荒碱地治理区新增粮食 15 亿斤。该区域所具有的土地储备资源对保证国家粮食安全、保证国家战略实施,具有重要意义。

黄河三角洲土地后备资源丰富,该区域土地总面积 264.48 万 hm²,其中盐渍化土壤面积达 82.35 万 hm²,占该区域土地总面积的 31.14%。核心地区土壤类型分布见图 4-1。其中,滨州、东营盐渍化面积分别为 26.51 万 hm² 和 38.75 万 hm²,中低产田 22.13 万 hm² 和 16.99 万 hm²。黄河三角洲是山东省最具土地资源开发潜力的地区,是保证千亿斤粮食规划顺利实施的关键。国务院批复国家发展和改革委员会 2009 年 12 月关于"黄河三角洲高效生

态经济区发展规划",规划中针对黄河三角洲800万亩未利用土地(其中盐碱地270万亩,荒草地148万亩),提出支持黄河三角洲盐碱地、中低产田治理。具体目标是2015年治理荒碱地100万亩,改造中低产田300万亩。

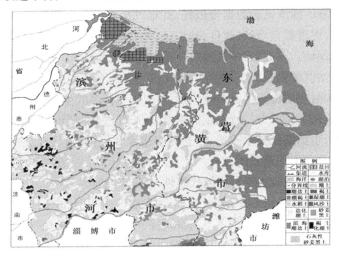

图4-1 黄河三角洲核心地区土壤类型分布图

滨州"渤海粮仓"项目位于小开河灌区的无棣县境内,由小开河灌区提供灌溉用水,是由科技部实施的国家战略项目。2013年4月,科技部、中国科学院联合启动渤海粮仓科技示范工程。针对环渤海地区4 000万亩低产田和1 000万亩盐碱荒地淡水资源匮乏、土壤瘠薄盐碱等问题,重点突破区域土、肥、水、种等关键技术,加强中低产田改造和地力提升实现中低产田粮食增产;通过挖掘当地非常规水源和适度外地调水、发展节水农业,提高水资源产出效率,促进大面积粮食增产稳产。目标是实现到2017年增粮60亿斤、到2020年增粮100亿斤。通过工程实施,加快带动区域中低产区粮食增产,有效缓解农业水土资源约束,推动区域规模化粮食增产和现代农业发展。去年率先在滨州市实施这项示范工程，将来推广普及的面积会越来越大。

灌溉试验数据是灌溉工程规划设计、区域水资源优化配置、农田用水管理，以及未来水权分配与管理的重要基础数据。没有准确可靠的灌溉试验数据做依托，就难以最大化利用黄河有限的水资源，促进粮食增产，改良黄河三角洲中低产田和盐碱荒地开发就难以保证。因此，在小开河灌区建立灌溉试验站，不仅是全国灌溉试验站网的要求，也是发展节水农业、实现水资源合理配置的需要，同时也是促进灌区乃至滨州、黄河三角洲高效生态农业健康发展、实现水资源可持续利用的需要，对于促进和指导农业种植结构调整，引黄灌区节水改造、生态环境建设和保护、建设社会主义新农村具有十分重要的意义。

4.2.1.3　具有种植种类的代表性

灌区内粮食主产小麦、玉米，约占灌区面积的50%，其次有滨城区的菠菜、沾化县的冬枣、无棣县的棉花和草场，种植种类丰富，具有代表性。详细种植种类情况见表4-1。

表4-1　小开河灌区种植种类统计表　　（单位：万亩）

作物	开发区	滨城区	惠民县	阳信县	沾化县	无棣县	北海新区	合计
小麦	1.62	11.03	4.11	22.19	4.12	14.04	3.51	60.62
玉米	1.52	10.36	3.82	21.32	3.8	13.49	3.37	57.68
棉花	0.88	5.97	2.39	3.31	13.88	22.36	5.59	54.38
合计	4.02	27.36	10.32	46.82	21.8	49.89	12.47	172.68

灌区内粮食播种面积118.3万亩，其中小麦种植面积60.62万亩，玉米种植面积57.68万亩，平均单产460.5 kg，保护性耕作完成1.6万亩，比上年增长216%。种植棉花54.38万亩，总产

4. 34 万 t,单产 80. 4 kg,比上年增长 1%。蔬菜面积 1 万亩,总产 3. 8 万 t,同比增长 0. 1%。农业总产值达 15. 85 亿元,同比增长 4. 5%;农业增加值 1. 03 亿元。

4.2.1.4　具有水源的代表性

滨州市是黄河三角洲的中心城市,是黄河三角洲高效生态经济区的主战场和核心区域。自 2003 年底开始的以防潮堤为屏障的"北带"开发扎实推进,新增土地 61 万亩。黄河贯穿东西,淡水资源充足,滨州所辖黄河河道长 94 km,引黄涵闸 14 座,设计引水能力 516 m³/s,总设计灌溉面积 640 万亩。滨州市大型灌区基本情况见表 4-2。其中,小开河灌区设计引水流量 60 m³/s,设计灌溉面积 110 万亩,从黄河引水灌溉,在水源方面具有代表性。同时,小开河灌区 1998 年建成通水,建设标准高,在滨州各大灌区中,属年轻型国家大型灌区,具有代表性。

表 4-2　滨州市大型灌区基本情况

灌区名称	小开河	韩墩	簸箕李	道旭	张肖堂	打渔张	胡楼	张桥	大道王	兰家	白龙湾	大崔	归仁	合计
灌溉面积(万亩)	110	96	163	16	15	65	72	10	9	30	35	9	10	640
设计流量(m³/s)	60	60	75 + 50	15	15	120	35	15	10	25	20	6	10	516

4.2.1.5　具有土壤的代表性

灌区位于黄河三角洲腹地,有 5 个土地类型,其中潮土、盐化潮土和滨海盐土是区域内最主要的土壤类型,三者之和约占区域总土地面积的 95%,见图 4-1。受环境条件及各种成土因素变化的影响,土壤类型的空间分布、垂直分异及区域组合均表现出一定的规律性。黄河三角洲地区土壤类型群体的组合受区域内气候、地质、地貌及水文条件的制约,自东向西表现出明显的区域分异。

滨州市区域内轻壤面积最多,中壤次之,沙土最少,滨州市土壤质地与分布比例见表4-3。滨州市范围内土体构型共有24种,其中以均质型、夹黏型、砂体型、黏体型面积较大,占92.47%,其他构型面积较小。构型不同不仅影响土壤中水分、养分和盐分的运行,而且影响土壤的农业生产特性,如夹砂、砂体型漏水漏肥,潜在肥力低;上砂下黏型保水保肥能耐旱,潜在肥力高。表层土壤容重一般在 $1.2 \sim 1.34$ g/cm^3,总孔隙度49.16% ~54.49%,通气孔隙度9.89% ~14.4%。由此可见,土壤紧实是制约区域内农业生产的重要因素,灌区土壤类型具有典型性和代表性。

表4-3　灌区覆盖范围内土壤质地、分布与土壤特点

质地类型	沙土	砂壤土	轻壤土	中壤土	重壤土 + 黏土
比例(%)	0.72	9.45	41.03	30.97	17.83
土壤类型	潮土 风沙土	潮土 盐化潮土	潮土 盐化潮土	潮土 盐化潮土	盐化潮土 滨海盐土
土壤特点	养分少,孔隙大易干旱,产量低	养分含量低,保肥保水性差,耕性好	水热气协调,适种作物多,肥力较差,盐化面积大	养分含量高,水热气协调,适种作物广,高产,易盐碱	养分含量高,土壤黏重,适耕性差,排水不畅,易涝
分布区域	惠民、滨城	惠民、沾化	惠民、阳信、滨城、沾化	无棣、滨城	无棣、沾化

4.2.2 项目建设的可行性

4.2.2.1 具有一支稳定的技术团队

小开河灌区管理局具有一支较强的科研团队,现有各类科研人员 18 人,其中教授级高工 1 人,高级工程师 7 人,工程师 10 人,硕士研究生(含在读)5 人。专业涵盖水利工程、农田水利、水土保持、计算机等,平均年龄 41 岁,多数为 35 岁左右的年轻技术人员,并且有长期从事水利相关工作方面的工作经验。另外,科研人员岗位稳定、分工明确、责任到人。每一位科研人员都爱岗敬业、恪尽职守,在业务工作上有很强的责任心,能吃苦耐劳,都能够较好适应灌溉试验站的工作。

4.2.2.2 承担国家、省级多项任务和课题研究,最高荣获省科技进步一等奖

灌区注重科技研究,先后完成了 5 项课题,其中 1 项获山东省科技进步一等奖,3 项获省水利科技进步二等奖,1 项刚鉴定完成,准备报奖。灌区在科研方面积累了丰富的经验和大量的资料,为下一步灌溉试验站的建立打下良好的基础。

(1)2006 年完成了《小开河引黄生态灌区建设与管理模式研究》,课题紧密结合小开河引黄灌区的建设与运行管理状况,以水—水利工程建设为主线,围绕生态水利、土地资源合理配置、生态农业、生态林业、生态旅游和循环经济建设与发展等内容,建立了 6 种不同的生态体系,首次提出了生态灌区建设与运行管理的理论和方法,提出了引黄生态灌区"人—水—社会—自然"和谐发展的建设管理模式,具有创新性。经鉴定,属国内首创,居国内领先水平,并荣获山东省水利科技进步二等奖。

(2)2008 年完成了《小开河灌区宽带声学多普勒水量监控研究》,课题紧密结合引黄灌区运行情况,针对大型引黄灌区含沙量高、测流难度大等问题,研究了宽带声学多普勒流量仪实时监测数

据与水位、流速、流量的在线监测关系，建立了流量数学模型，提出了大型引黄灌区水量监测的配置模式。对宽带声学多普勒流量仪数据采集、数据有线和无线传输、设备安全防护、PLC闸门远控等网络工程技术进行了较深入的研究，节省了人力物力、提高了测流效率和精度、减少了用水纠纷，对节约用水、科学调度、促进水资源优化配置、确保工程安全具有十分重要的意义。经鉴定，课题技术先进，具有创新性，取得了显著的经济效益、社会效益，具有广阔的推广应用前景，为全面建设信息化灌区打下了坚实的基础，成果达到国际先进水平。并荣获山东省水利科技进步二等奖。

（3）2010年完成了《黄河三角洲引黄泥沙资源适应性配置研究》，该课题针对黄河三角洲引黄泥沙及其生态环境问题，进行了泥沙资源适应性配置研究，首次把引黄泥沙利用扩展至区域土壤、生态环境领域，提出了以实现区域自然资源和生态环境协同进化为目标的引黄泥沙资源适应性配置机制，建立了泥沙资源适应性管理的理论框架，为深入研究引黄灌区泥沙资源化提供了新的途径。提出了引黄泥沙资源适应性配置的理念，并转化为"引沙资源利用—土壤结构改良—生态环境改善"相结合的引黄泥沙利用模式，是对引黄泥沙利用的突破和创新，为黄河三角洲开发提供科学依据和技术支持，具有明显的社会效益、经济效益、生态效益。经专家鉴定，该研究成果居国际领先水平，并荣获山东省水利科技进步二等奖。

（4）2011年完成了《小开河引黄灌区泥沙长距离输送与优化配置》，该课题针对小开河引黄灌区实际，开展了泥沙长距离输送与优化配置研究，采取现场观测、资料分析、理论分析、数学模型计算和实体模型试验相结合的技术手段，首次提出了"类比法"比尺模型试验方法，经过小开河引黄灌区10年运行结果的对比分析验证，表明该方法是成功的。分析了泥沙长距离输送的影响因素，提出了泥沙长距离输送的科学调度方案，10年运行资料表明，小开河引黄灌区总引沙量的 50.6% 进入支渠容沙区和田间,4.0% 泥沙淤积在输沙渠,用 30% 水流将 45.4% 的泥沙输送到 51 km 外的沉沙池,实现了泥沙长距离输送及合理分布,进入沉沙池区和支渠容沙区的泥沙得到了充分的利用,促进了引黄灌区的水沙综合利用和可持续发展。经专家鉴定,成果总体上居国际领先水平。荣获山东省科学技术进步一等奖,填补了滨州水利科技的空白,开创了山东省市级水利科技的先河。

(5)2013 年完成了《小开河引黄灌区沉沙区沙化治理关键技术与应用》,该项目以小开河引黄灌区沉沙区段为研究对象,针对沉沙区段土壤沙化和水土流失严重等突出问题,阐释了引黄灌区沉沙区沙化严重及水土流失机制,建立了引黄灌区沉沙区段土壤侵蚀强度分区,研发了不同土壤侵蚀强度区沙化治理的关键技术,筛选出适应当地的植物品种,促进了生物多样性,构建了降盐改土、泥沙利用、河岸防护、植被快速修复、防护林网建设和生态湿地恢复等技术体系,具有创新性,推广面积 217.5 hm^2,取得了显著的经济效益、生态效益和社会效益。经鉴定,总体达到了国际先进水平。

4.2.2.3　具有高标准的信息化设备

从 2012 年开始,灌区实施了水利部科技推广计划项目"现代化建设先进技术集成与推广示范"。项目总投资 750 万元,其中国拨资金 350 万元,自筹资金 400 万元。项目实施工期自 2012 年1 月至 2014 年 6 月。该项目依托小开河灌区内阳信县水落坡乡小农水重点县和盐碱地改良工程建设,进行田间工程建设和盐碱地改良工程建设各 1 处。安装自动气象台 1 套,安装地下水位检测系统 4 套。建设 2 处缆道测流点,4 处多普勒测流点,8 处超声波水位监测,并配备直立式水尺。土壤墒情实时监测系统 2 处,视频监控 12 处。建设了灌区大屏幕系统中心 1 处,包括实时水情、历史水情、灌区基本信息、渠系、灌溉制度、需配水方案、图像等的综合数据库系统,为灌区信息管理、用水决策和办公自动化系统提供数据支持。同时,为灌溉试验站的建立奠定良好的基础。

4.2.2.4 具有泥沙实验室,积累了大量的试验数据

灌区建立了泥沙实验室。购置了英国生产的 Mastersizer 3000E 激光粒度分析仪,粒度范围宽,采用高稳定性的氦氖激光器以及非均匀交叉大面积补偿三维立体的专利技术检测系统,运用米氏理论,无需更换透镜即可实现 0.1 ~ 1 000 μm 范围内的精确测量。采用当今最快的 10 kHz 数据采集速率,显著提高了信号采集次数和测试速度,采样频率达到最高的 10 000 次/s,极大提升了测试结果的重复性和重现性,即使针对分布极广的不规则材料也能实现精确测量,能够很好地用于泥沙颗粒级配分析试验。

还购置了 1/1 000、1/100 电子天平、烘箱等设施用于分析各观测点含沙量;还配置了 TKCS - 07 型便携式智能光电测沙仪,能够在线实时检测渠道含沙量。购置设备进行土壤干容重、土壤含水率测量。

泥沙实验室建于 2006 年,引水期间,每隔五天自渠首至沉沙池 11 个测点定期取水样,并做好泥沙含量和颗粒级配分析试验,截至目前,8 年时间内试验数据 96 组,1 056 个。相关数据可用于灌溉试验数据,为灌溉试验站的建立打下了坚实的基础。

4.2.2.5 具有确权的土地资源,且工程基础条件较好

小开河灌区 1998 年建成通水后,2000 ~ 2002 年,灌区组织人员对干渠两岸土地进行了确权划界,确权土地 11 823.3 亩。为灌溉试验站测坑建设、试验设备安放提供了坚实的基础。项目建设用地不存在土地的使用权属问题,试验区所需的用地是合法且能长久使用的。随着国家续建配套和节水改造工程的建设和投入,小开河灌区先后进行了 10 期续建配套与节水改造工程建设,总投资 1.8 亿元。目前,交通便利,水、电、路等基础条件以及土质、水利等农业生产条件都较好,沿渠道设立 7 个管理所,为灌溉试验站

的工作开展提供了方便。小开河灌区确权土地情况见表4-4。

表4-4　小开河灌区确权土地情况统计

县区	开发区	滨城区	沾化县	阳信县	无棣县	北海新区	合计
确权土地（亩）	1 205.2	1 893.4	2 360.7	2 384.6	3 834.3	1 350.2	11 823.3

4.2.2.6　具有水沙试验站机构编制

管理局成立时就具有水沙试验站编制,领导职位1人,职工2人。灌溉试验站建立以后,可从其他部门调剂人员到试验站工作,或者根据相关政策,申请灌溉试验站编制,同时建立稳定的投入机制和科学的管理体系,做好采集整理灌溉农业有关的基础数据工作,根据统一设定的数据采集规范,采集诸如灌溉农田种植结构、主要农作物灌溉定额、灌溉水利用系数、作物水分利用效率等方面的数据,并及时进行整理,定期向水利部灌溉试验总站报送。按照统一要求对一些项目进行多年连续试验研究做好长期、连续的观测任务,科研课题和研究成果的示范推广工作。从各个环节确保灌溉试验工作能够长期稳定地进行。

4.3　建设原则和目标

4.3.1　编制依据

4.3.1.1　国家、地方及有关部门相关的规划和文件

(1)《中共中央国务院关于加快水利改革发展的决定》(中发〔2011〕1号);

(2)《中共中央国务院关于加快推进农业科技创新持续增强农产品供给保障能力的若干意见》(中发〔2012〕1号);

(3)《中共中央国务院关于加快发展现代农业进一步增强农

村发展活力的若干意见》(中发〔2013〕1号);

(4)《关于加强灌溉试验站网建设工作的函》(2004农水灌函第11号);

(5)《国务院关于实行最严格水资源管理制度的意见》(国发〔2012〕3号);

(6)《全国灌溉试验站网建设规划与实施意见》,水利部农村水利司,全国灌溉试验工作会议文件之二,2003年4月;

(7)《中华人民共和国国民经济和社会发展第十二个五年规划纲要》及中央水利工作会议精神等;

(8)《全国水资源综合规划》;

(9)《全国水利发展"十二五"规划》;

(10)《全国大型灌区续建配套与节水改造规划》;

(11)《全国中型灌区节水配套改造规划》;

(12)《全国节水灌溉规划》;

(13)《国家农业节水纲要(2012~2020年)》;

(14)《水利部关于印发全国灌溉试验站网建设规划的通知》(水农〔2015〕239号);

(15)《山东省千亿斤粮食生产能力建设规划实施方案(2009~2020)》;

(16)《黄河三角洲高效生态经济区规划》(国函〔2009〕138号);

(17)《山东省滨州市黄河三角洲高效生态经济区发展规划》。

4.3.1.2　规程规范和技术标准

(1)《灌溉试验规范》(SL 13—2015);

(2)《节水灌溉工程技术规范》(GB/T 50363—2018);

(3)《灌溉与排水工程设计规范》(GB 50288—2018);

(4)《农田排水工程技术规范》(SL/T 4—2013);

(5)《农田灌溉水质标准》(GB 5084—2005);

(6)《灌溉与排水工程设计标准》(GB 50288—2018);

(7)《渠道防渗工程技术规范》(GB/T 50600—2010);

(8)《喷灌工程技术规范》(GB/T 50085—2007);

(9)《微灌工程技术规范》(GB/T 50485—2009);

(10)《管道输水灌溉工程技术规范》(GB/T 20203—2017);

(11)《民用建筑设计通则》(JGJ 37—2006)

(12)《地面气象观测规范　总则》(GB/T 35221—2017)。

4.3.2　指导思想和基本原则

4.3.2.1　指导思想

深入贯彻落实科学发展观,按照中央关于加快水利改革发展、实行最严格的水资源管理制度、加快推进农业科技创新等一系列决策部署,紧紧围绕发展现代农业特别是节水农业和高效农业对基础工作的要求,根据灌溉试验工作的性质和特点,明确灌溉试验站的公益性职能,合理确定试验站布局,建立健全人员、资金和技术保障体系,加强组织领导、规划和日常管理,确保灌溉试验工作长期、稳定和健康发展,为节水灌溉工程规划、设计和管理服务,为实施农业用水"定额管理"服务,为灌排新技术新成果推广应用服务。

4.3.2.2　基本原则

1. 准确定位,合理规划

根据黄河三角洲地区的气候条件、作物种类、生产水平等实际情况,以服务区域灌溉事业发展为目标,以现有基础条件为基础,科学论证试验站工作任务并以此进行功能设置和设施设备配套,建成任务明确、设施齐全、设备精良、运行稳定的国内一流的灌溉试验站。

2. 面向实际、强化服务

以实际需求为导向,以解决实际问题为目标,总结新经验,研究新技术,创建新模式,通过技术咨询、试点示范、建立样板工程等方式,普及推广节水技术和精准灌溉模式,为节水灌溉事业发展提供技术支撑。

3.开放办站、动态管理

建立开放、流动、协作、联合的运行机制和科学、客观、公平、有利于创新的绩效评估体系,推行竞争立项、择优扶持的动态管理模式。

4.建管并重,良性运行

建立试验站建设和发展良性运行机制,促进试验站朝信息化、智能化、现代化基层服务体系良性发展。

4.3.3　功能定位

小开河灌溉试验站位于黄河三角洲地区滨州市,代表了山东省北部黄河下游南部区的气候、作物和地理状况,2015 年被确定为全国灌溉试验站网重点试验站。

滨州市是黄河三角洲的中心城市,是黄河三角洲高效生态经济区的主战场和核心区域。得天独厚的地理位置优势确定了小开河灌溉试验站的功能定位:

(1)全国灌溉试验站网重点站。接受水利部灌溉试验总站、黄河流域灌溉试验中心站和山东省灌溉试验中心站的指导,开展区域农业气象、土壤墒情、作物种植规模、灌溉取用排水量、灌溉水利用系数等农业灌溉基础数据的监测和采集,开展节水条件下高效农业的灌溉制度、先进节水灌溉技术适应性等试验项目,积累成果并开展高效节水灌溉技术模式应用示范,指导服务当地的农业灌溉实践。同时,承担全国、流域和本省的相关协作项目。

(2)黄河三角洲地区特色灌溉试验站。黄河三角洲地区土地后备资源丰富,是保证千亿斤粮食规划、"渤海粮仓"、"黄河三角洲高效生态经济区发展规划"等国家发展战略顺利实施的关键。

小开河灌溉试验站将立足于黄河三角洲地区特色土壤条件、水资源条件、作物条件等,开展盐碱地治理、特色经济作物高效节水灌溉制度、引黄淤灌等黄河三角洲地区特色灌溉试验工作,为黄河三角洲高效生态农业健康发展、实现水资源可持续利用提供基础技术支撑。

(3)区域农业用水现代化管理的技术支撑平台。从 2012 年开始,灌区已安装自动气象台 1 套、地下水位检测系统 4 套,建设 2 处缆道测流点、4 处多普勒测流点和 8 处超声波水位监测点,安装土壤墒情实时监测系统 2 处,视频监控 12 处,建设了灌区大屏幕系统中心 1 处,包括实时水情、历史水情、灌区基本信息、渠系、灌溉制度、需配水方案、图像等的综合数据库系统,为灌区信息管理、用水决策和办公自动化系统提供数据支持。这些工作均为区域农业用水现代化管理提供基础,今后,将依托试验站,继续加强农业灌溉取、用、排等过程的自动化监控水平,加强农业灌溉过程的技术指导和服务,将试验站打造为区域农业用水现代化管理的技术支撑平台。

4.3.4 建设目标

本次规划的主要目标是到 2017 年完成试验站基础设施、设备等基础调价建设,符合《全国灌溉试验站网建设规划》和《灌溉试验规范》(SL 13—2015)的要求,满足开展数据监测采集、科学灌溉试验、技术推广应用和服务指导等任务的需求,与水利部灌溉试验总站、黄河流域灌溉试验中心站、山东省灌溉试验中心站及全国各地重点站形成信息网络,实现数据和技术的共享与交流。再经过 3 年时间,全面开发试验站的各项功能,针对黄河三角洲地区实际问题,高质量地开展灌溉试验,有效地进行示范与推广。使本试验站在同类站中处于领先地位,既能开展应用性试验研究,也能开展理论性、探索性的试验研究,试验的手段、方法及成果的质量达国内领先水平。

4.3.5 试验站工作任务

(1)负责开展代表区域的农业灌溉基础数据的监测、采集,主要包括农业气象、土壤墒情、作物种植规模、灌溉取用排水量、农业灌溉投入产出、灌排水质、灌溉水利用系数等基础数据。

(2)坚持长期开展节水条件下的小麦、玉米等作物的需水量和灌溉制度试验,采集、整理、编制、上报相关试验数据。

(3)开展节水条件下的冬枣、棉花等特色作物的需水量和灌溉制度试验,采集、整理、编制、上报相关试验数据。

(4)引进、消化、吸收、再创新国内外先进灌溉技术和灌水方式,开展滴灌冬枣等先进灌溉技术的中间试验,提出适宜的灌溉模式。

(5)开展微咸水灌溉观测试验,提出微咸水的灌溉技术和灌水方法。

(6)开展种稻改土等盐碱地改良试验,在有条件的地区推广应用。

(7)总结适合当地条件的高效节水灌溉模式,通过多种途径促进大面积的推广,引导农业用水户自觉接受和应用灌溉新技术、新成果。

(8)逐步向灌溉管理部门及农业用水户提供土壤墒情、适宜灌排时间及灌溉水量等方面的信息,指导当地的农业灌溉实践。

(9)对基层科技人员和种植户提供节水灌排新技术指导、培训、咨询,提高农业用水户科学合理应用灌排新技术、新成果的能力。

4.3.6 规划建设任务

按照一个中心试验场区、一个分析化验室、五个数据采集点的总体设计确定本次小开河灌溉试验站规划建设任务。以灌溉试验站为中心,完成站内试验设施设备体系、技术管理体系、宣传推广体系三个体系和站外五个基础数据采集点的建设任务。具体包括测坑、设施大棚、大田试验区、实验室等基础设施建设,以及土壤理化性质、量测水、作物生理等方面的仪器设备建设等。

4.4 灌溉试验站布置及建设内容

根据小开河灌溉试验站工作任务的要求,试验站应具备必要的符合《灌溉试验规范》(SL 13—2015)要求的测坑、试验小区和试验大田,针对当地可能开展的专项试验项目,还应设置相应的专项试验设施,如大棚、滴微灌试验场地、特产及经济作物试验区等。

应有可靠的水源和健全的灌溉排水系统,使所有的试验单元(每个测坑、试验小区和试验大田)灌排分开、灌排自如、灌排精确计量。试验站灌排系统的灌溉排水标准应高于当地农田的灌溉排水标准。应有良好的办公条件和生活设施;道路的布置应能通往所有的试验场地,并根据机耕道和人行道的不同标准进行设置;应进行必要的绿化和美化。

4.4.1 布置原则

(1)试验站应根据地形地貌和土壤情况,因地制宜,全面考虑,综合规划。

(2)试验站的布置应能满足试验、研究、推广、服务等功能,设施齐全。

(3)试验站的布置以试验区为主,办公区、生活管理区为辅,兼顾生态修复。

(4)现场试验与室内研究相结合。科学试验、先进监测、精细分析、严格档案管理。

(5)试验区应综合不同作物种类、不同品种、不同灌水方法、不同灌溉制度、不同水肥条件等,功能区完备、划分合理、考虑各因素多水平要求,备有足够重复量。

(6)试验区应综合考虑并满足供水、排水、施工、交通、施肥、除害、收割、计量、监测仪器埋设、试验数据采集、保护区、隔离区等要求。

4.4.2 试验站址选择

经过对小开河灌区周边满足要求的地块踏勘选点,既能满足建设试验站的基本要求,也满足长远开展灌溉试验的条件,经综合必选,确定站址位于滨州市沾化县古城镇西 5 km 处,沾化县永馆路和小开河干渠交界处东北,地理坐标为东经 117°45′,北纬37°41′。该处交通便利,西靠 205 国道、滨德高速,东临长深高速。

确定的小开河灌溉试验站地处黄河三角洲腹地,此处有灌区确权土地 6 亩,可建设试验用房及基础设施,周边土地可租用作为灌溉试验田,水浇条件便利,在土壤、气候、种植结构等方面具有代表性。小开河引黄灌区灌溉试验站位置及规划示意图见图 4-2。

图 4-2 小开河引黄灌区灌溉试验站位置及规划示意图

4.4.3 试验站能力建设标准

试验站主要承担监测灌溉农业基础数据、实施长期的灌溉试验观测,应具备以下工作能力。

(1)基础数据采集能力。收集、整理、储存所获得的灌溉试验、监测基础数据,并与水利部灌溉试验总站和所在省(市、区)中心试验站通过互联网交换信息,传输数据。

(2)自然条件下的试验能力。一是拥有试验田地,净使用面积应在15亩以上,并具备完善的灌溉量水和控制设施,可开展不同节水灌溉技术试验,制定相应的节水高效灌溉制度;二是具备电动(手动)防雨设施及测坑群,可开展高精度的作物需水量、需水规律及灌溉制度试验;三是有自动气象站,可进行日常气象要素的观测,如温度、辐射、风速、湿度、降水量等;四是有土壤水分测定设备,可进行常规的土壤水分测定及野外土壤墒情监测;五是建有简易实验室,可进行土壤基本物理性状、养分、水质等方面的检测与分析。

(3)区域性节水环保高效灌溉技术推广能力。将总站、中心站或其他科研单位研发的节水灌溉技术本地化,转化成为农村水利基层服务体系和广大农户易于接受、简便易行的技术,通过试点、示范、展览展示,结合节水增粮行动深入加以推广。

(4)提供技术指导和服务的能力。具备为基层水利服务组织、农场主和种植户等进行先进节水灌溉技术服务的场地、设施、设备条件,具备开展土壤墒情、适宜灌排时间及灌溉水量等方面的信息发布的设施设备。

4.4.4 试验站总体布置

4.4.4.1 试验站基本情况

1. 地形地貌

根据《全国灌溉试验站网建设规划》和《灌溉试验规范》(SL

13—2015）要求,小开河灌溉试验站规划占地共 45 亩,其中,拥有确权土地约 6 亩,拟租用附近农田 39 亩。整个地块呈长方形布设,南北向约 155 m,东西向约 197 m。灌区确权土地 6 亩,位于试验站的中南部,现有破旧试验用房约 640 m²,其余区域为砖石硬化地面,周围有砖砌围墙,详见图 4-3。

图 4-3　试验站所在区域地貌

拟租用的 39 亩农田,现状西侧、北侧以盐碱地为主,种植小麦、玉米等作物;东侧为高产农田,种植冬枣和玉米等;此外还有一条灌排沟和一个水坑,灌溉条件便利。

此外,在本试验场地北部的沉沙池两侧,有确权土地范围,也可纳入试验站建设范围。

2. 水源情况

试验站西侧有由南向北的小开河输沙干渠通过,站址内拟修建蓄水池,能够为试验站提供所需水源。

4.4.4.2　布置方案比选

灌溉试验站占地面积 45 亩,地块形状为长方形,西侧有南北向小开河总干渠通过。依据以上情况,在符合试验要求前提下,对于原有设施尽量利用,有效使用资金,因地就势进行场地的总体布置。

根据小开河灌溉试验重点站的工作任务需求,拟在试验站建设实验室(培训中心)、测坑试验区、大棚试验区、大田试验区、滴灌试验区、水田试验区、微咸水灌溉试验区、盐碱地改良试验区、蓄水池以及库房等基础设施。

按照上述思路对场地进行总体布置,形成三个较为可行的方案,现分述如下。

方案1:

在中南部自有土地范围内,分别布设灌溉试验科研培训中心(实验室)、综合测坑试区、库房和大门等;自有土地的北侧分别布设中试区、大棚试验区;试验站西侧由南向北依次布设水田试验区、蓄水池、盐碱地改良试验区、微咸水灌溉试验区;东侧由南向北依次布设滴灌试验区、地面灌溉试验区、气象站等;各试验区间布设道路,见图4-4。

图4-4 试验站布设方案示意图(一)

方案 2:

方案 2 与方案 1 整体布设相同,仅是考虑测坑周边影响的问题,将测坑试验区与中试区布设位置互换,同时实验室在原有面积的基础上修建,见图 4-5。

图 4-5 试验站布设方案示意图(二)

方案 3:

方案 3 与前两个方案的区别在于测坑试验区的布设,基于避免实验室对测坑区的影响以及将测坑修建于自有土地上的考虑,将测坑试验区布设在试验站北部约 8 km 处沉沙池右侧自有土地内。其他试验区的布设与方案 1 相同,见图 4-6。

根据试验站的布设原则,考虑租赁土地的不确定性,因此灌溉试验科研培训中心(实验室)、测坑试验区、库房及大门等永久性设施应尽量布设在自有土地范围内。为使试验有可靠的代表性,不受邻近障碍物影响,试验田与房屋、围墙、树木等物体的距离需大于物体高度 5 倍。在总体布置中,根据高程,从北到南依次布置

图 4-6 试验站布设方案示意图（三）

高秆作物到低矮作物。试验站南临永馆路,因此将试验站的大门建在场地的南侧;根据渠道的位置和地块的地势条件,可将现有水坑改造为具有水量调蓄作用的鱼塘;大田试验区尽可能布置在东侧的农田中;在充分利用原有硬化道路和渠道的基础上布设灌溉排水系统和道路;灌溉试验分析化验室和科研培训中心的位置将在现有设施基础上进行修缮。

　　根据上述分析,方案 3 中测坑试验区布设在离试验站较远的区域,周边距离农田 50 m 以上,且附近有较大水域(沉沙池)、道路和树木等影响试验结果的因素存在,因此不建议采取此方案。方案 2 将测坑试验区修建于试验站北侧租用土地内,会带来一定的隐患,因此不建议采取此方案。方案 1 中虽然在试验站自有土地上需修建实验室、测坑试验区、库房和大门等设施,但考虑测坑试验区面积 65 m×10 m,实验室原面积为 50 m×10 m,而该自有土地的面积为 80 m×50 m,综合考虑,可压缩实验室长度至 30 m,以避免对测坑试验区造成影响,本次设计推荐方案 1。

　　综上,方案 1 在压缩实验室面积的基础上可满足各方要求,因此推荐采用方案 1 进行布设。

4.4.4.3　试验站总体布置

　　1.办公与生活区

　　根据本试验站的功能,其房舍应满足办公、测试分析、培训、国内外学术交流,以及生活诸多方面的需要,初拟灌溉试验科研培训中心设置在场地东南侧。

　　2.试验区

　　(1)测坑试验区。试验站将在测坑区进行众多的试验项目,为方便试验站工作人员的工作,将测坑试验区布置在灌溉试验科研培训中心的东南侧。

　　(2)大田试验区。按照试验功能的要求,设置地面灌溉区约 15 亩、水田试验区 6 亩、滴灌试验区 6 亩、盐碱地改良试验区 3

亩、微咸水灌溉试验区3亩。分别开展当地小麦、玉米、水稻和棉花等作物种植试验。为减少场地平整的工作量,降低工程投资,试验小区尽可能根据现状情况布置。同时,相同灌溉方式的试验小区应相邻布置。

(3)大棚试验区。为开展当地适宜的设施农业高效节水灌溉模式,修建大棚试验区2座,占地约2亩,位于培训中心的西北侧。

(4)中试区。中试区可对试验小区的试验成果进行验证和推广,现将中试区布置在培训中心北部,占地约3亩。如试验站的发展需要增加中试区的面积,场地可向东部或北部延展。

3.气象站

根据《地面气象观测规范　总则》(GB/T 35221—2017)的要求,气象站设置试验站中部,大田试验区东南角。

4.配套设施

1)水源

试验站灌溉水源首选地表水,小开河总干渠自北向南从试验站东边约50 m处穿过。拟在试验站中部偏东位置修建一座蓄水池,截蓄渠水作为灌溉用水。蓄水池修建泵站一座,为试验站内部各试验区供水。试验站的排水流向西边原有的排水沟。

2)灌溉排水系统

灌溉试验站的灌溉系统根据试验站的地形地貌、水源位置以及试验小区种植作物的情况来进行布置,确定采用树枝状管网。管道的布置遵循短而直、水头损失小、总费用省的原则。为保证灌溉供水及时以及计量准确,灌溉系统全部采用管道供水,水表计量。

灌溉试验站的排水系统包括田间排水和道路排水两部分,田间排水系统的设置与灌溉系统相对应,根据各排水区的形状和面积大小,分为排水支沟、排水斗沟和排水干沟3级,其中排水干沟和道路边沟合为一体。

3)外部和内部道路

灌溉试验站需具有技术交流和培训的功能,需要便利的外部交通条件。根据现场踏勘的情况,试验站的大门适宜设置在南侧偏东的位置,与车库相近。场地内部道路整体规划为两横三纵,沿试验区进行布设。

5.数据采集点仪器设备

数据采集点主要是对当地大田农业灌溉基础数据进行监测,分别对常规灌水方法与喷、滴灌灌水方法选择一定面积、相对独立、作物品种一致的农田做比较监测。监测项目有:作物品种及产量、灌溉制度、灌溉水利用效率、灌溉效益及投入产出情况等。

为方便管理,5个数据采集点拟分别建设在小开河管理局所属管理站所附近,选定的位置分别为205管理所、孙集管理所、沉砂池管理所、清波河管理所、渠首管理所,具体位置见图4-7所示。

图4-7　数据采集点位置图

规划每个数据采集点租地 10 亩,合计 50 亩。数据采集点主要设施见表 4-5。

表 4-5 数据采集点主要设施

序号	名称	单位	数量
1	值班管理房	m²	120×5
2	晒场	m²	300×5
3	量水设施系统	套	2×5
4	储藏室	m²	200×5
5	大田试验采集点建设	亩	10×5

数据采集点建设内容主要有:

(1)基础设施建设。包括量水设施、自动控制系统、信息传输系统等。

(2)值班管理房、办公室及信息化办公室建设所属管理所内建设一栋试验值班管理房及办公用房,面积为 30 m²/套×4 套,可办公可住。

(3)晒场,面积 300 m²。

(4)排灌自动化、信息化处理、网络系统。

(5)作物储藏室。用于农作物收获后临时储藏。建设面积 200 m²。

4.4.5 设施设备建设内容

4.4.5.1 基础设施

根据《全国灌溉试验站网建设规划》《灌溉试验规范》(SL 13—2015)等,结合试验站承担的工作任务及能力建设标准,确定需要的设施设备建设内容。灌溉试验站在现有条件的基础上,按照"缺什么补什么"的原则,进行设施设备配套。配套时要考虑充分利用传统试验技术,又要结合国际上节水灌溉发展现状和趋势,根据需要选择部分高新技术仪器。试验站主要基础设施建设内容汇总情况见表4-6。

表4-6 试验站基础设施建设内容汇总

序号	设施设备名称	数量	必要性及任务分析
1	测坑及防雨棚	1组24个	受降雨及边界条件影响,测坑和防雨棚为试验站所代表区域作物需水量、灌溉制度研究必备设备,用以研究灌溉制度
2	测坑土壤水分自动采集系统	1套	用于测坑中不同层次水分、盐分和温度的自动化采集。该仪器为测坑必按设备,可以精确、动态采集不同层次土壤的水分、盐分和温度数据
3	标准气象站	1座	试验站气象资料收集,用于观测降雨量、有效辐射、湿度、温度等参数
4	小型气象站	1套	试验站辐射区气象资料收集,包括降水量、有效辐射、湿度、温度等参数
5	实验室修缮	600 m²	实验室长时间未运行,墙体、玻璃、门等陈旧老化需要修缮和加固
6	大田试验区	36亩	旱田地面灌溉区15亩、水田试验区6亩、滴灌试验区6亩、微咸水灌溉试验区3亩、盐碱地改良试验区3亩、中试区3亩
7	大棚试验区	2个	开展设施农业灌溉试验
8	水源及灌溉排水系统	1套	试验站内部灌溉排水工程建设,包括蓄水池1个、泵站1座,灌溉PE输水管道长约1 500 m;排水沟约500 m

续表 4-6

序号	设施设备名称	数量	必要性及任务分析
9	供电系统	1 套	农用电改造
10	围墙	700 m	试验站周边防护
11	试验道路	800 m	连接各功能区

4.4.5.2 试验仪器及办公设备

1. 办公设备

(1)建设计算机数据处理、管理系统。DELL 390 配置 8 台,具备快速上网条件,主要用于收集、整理、储存所获得的灌溉试验资料,并与水利部灌溉试验总站、黄河流域灌溉试验中心站、山东省灌溉试验中心试验站通过互联网交换信息,传输数据。

(2)根据《全国灌溉试验站网建设规划》,配套附属设备打印机 3 台、照相机 2 台、录像机 1 台、扫描仪 1 台、投影仪 1 台,并配备移动存储设备、办公桌椅、文件柜等办公设备。

2. 试验仪器

根据《全国灌溉试验站网建设规划》提出的重点站建设标准,本次建设拟配备以下主要仪器设备:

(1)土壤水分测定仪器。分别配备便携式土壤水分测定系统 2 台、trime 水分仪 1 台、土壤水分温度定点监测及远程传输系统 1 套。

(2)作物水分生理测定仪。配备便携式叶面积仪 2 台。

(3)土壤理化性质测定仪器。分别配备电导率仪 2 台、pH 计 2 台、红外消解仪 1 台、养分速测仪 2 台、深层渗漏测定仪 1 台。

(4)量测水设备。分别配备手持 GPS 4 台、可移动流量计 4 台、可移动流速仪 2 台、灌区渠道水位监测系统 2 套。

(5)其他配套设施。分别配备土钻 4 把、烘箱 2 台、电子天平

3 台、振荡器 1 台、试验台架 24 套、粉碎机 2 台、研磨机 2 台、纯水机 1 台、冰箱 2 台,此外还包括环刀 50 个、铝盒 300 个、药品柜 4 个、各类玻璃器皿及试剂 1 套等。

试验站仪器设备建设内容汇总见表4-7。

表 4-7　试验站仪器设备建设内容汇总

名称	单位	数量
一、办公设备		
计算机	台	8
打印机	台	3
照相机	台	2
录像机	台	1
扫描仪	台	1
投影仪	台	1
二、试验仪器备		
1. 土壤水分测定仪器		
便携式土壤水分测定系统	台	2
trime 水分仪	台	1
土壤水分温度定点监测及远程传输系统	套	1
2. 作物水分生理测定仪		
便携式叶面积仪	台	2
3. 土壤理化性质测定仪器		
电导率仪	台	2
pH 计	台	2
红外消解仪	台	1

续表 4-7

名称	单位	数量
养分速测仪	台	2
深层渗漏测定仪	台	1
4. 量测水设备		
手持 GPS	台	4
可移动流量计	台	4
可移动流速仪	台	2
灌区渠道水位监测系统	套	2
5. 其他配套设施		
土钻	把	4
烘箱	台	2
电子天平	台	3
振荡器	台	1
试验台架	套	24
粉碎机	台	2
研磨机	台	2
纯水机	台	1
冰柜、冰箱	台	2
环刀	个	50
铝盒	个	300
药品柜	个	4
各类玻璃器皿及试剂	套	1

续表 4-7

名称	单位	数量
三、交通工具、农机具		
播种机	台	2
脱粒机	台	2
其他农业工具	套	1
工具运输车	辆	2
四、信息化设备		
硬件系统	套	1

3. 交通工具、农机具

配置工具运输车 2 辆、农用耕作机 2 辆,农用播种机 2 台、收割机 1 台、脱粒机 2 台。

4.5 典型设计

4.5.1 测坑设计

测坑是开展作物需水规律、水分生产函数、灌溉制度以及"四水转换、溶质迁移"方面试验研究的必备工具。

作物需水量是水资源开发及水利工程建设等管理所必需的基础数据,它的估算精度在资源开发中占重要位置。开展作物需水量试验时,土壤含水量、作物耗水量、有效降雨量、作物利用地下水量、计划湿润层增加而增加的水量、深层渗漏量等指标缺一不可。在大田开展试验时,作物地下水利用量、深层渗漏量、有效降雨量等无法通过仪器准确采集,而测坑底部防渗,并具有排水设施,同时上部设置防雨棚以隔绝雨水,由此可有效测定作物地下水利用量、深层渗漏量,并省略有效降雨量的测定,为精确计算作物需水量奠定基础。

利用测坑测定开展作物耗水试验,配套自动数据采集系统,为农田水分过程研究提供了一种更系统更综合的测量工具,在无人值守的情况下,连续测定土体内土壤水分的变化情况。对研究作物耗水规律、提高农田水资源利用效率、扩大节水灌溉面积、持续提高作物生产能力、降低作物生产成本等方面均具有重要的现实意义。

为了满足作物需水规律及节水灌溉试验要求,建设测坑24个,配套地下观测室、数据监测采集设备和遮雨设施。

4.5.1.1 设计依据

(1)《混凝土结构工程设计规范》(GB 50010—2010)。

(2)《建筑地基基础设计规范》(GB 50007—2011)。

(3)《建筑抗震设计规范》(GB 50011—2010)。

(4)《灌溉试验规范》(SL 13—2015)。

(5)《土壤墒情监测规范》(SL 364—2015)。

(6)《地下工程防水技术规范》(GB 50108—2008)。

(7)水利部相关专业的技术标准和规范。

4.5.1.2 测坑设计

测坑一组共24个。分两排布置,每排12个,两排测坑之间有地下观测廊道。测坑表面积为6.67 m²,其中长为3.33 m,宽为2.0 m,装土深度为1.85 m。

1.建筑结构

测坑蒸渗器基础结构为地下一层现浇钢筋混凝土框架—剪力墙结构体系。观测室采用地下廊道形式,廊道净宽1.75 m,廊道底板距离地面高度为2.70 m,测坑底板距离地面高度为1.85 m,底板基础形式为平板基础,上铺有混凝土。测坑具体结构自下向上分别是测坑底板、20~30 mm卵石滤水层(靠近监测室一侧厚度 350 mm、外侧厚度 250 mm)、种植土,测坑底板与卵石滤水层之间铺设多孔滤水管,距测坑两侧钢板 0.40 m 处分别设 8 mm 厚钢板隔渗圈、嵌入底板 50 mm。地下监测室廊道中间设 5 处镀锌钢板出气孔,出气孔尺寸为 800 mm×800 mm。设地下观测室入口 1处。

地下观测室抗震设防烈度:Ⅵ度。

建筑结构安全等级:一级。

混凝土强度等级:C30 防水混凝土,防渗等级 P6。

钢筋类别:Ⅰ、Ⅱ级钢筋。

(1)地下观测室入口形式。地下观测室入口采用楼梯踏步形式,楼梯净宽 0.9 m,楼梯采用砖砌台阶、装有防腐防锈的钢楼梯扶手,入口处安装上翻防水门,材质为轻质金属。

(2)防水形式。基础、侧墙防水形式采用铺设两布一膜形式;顶板防水形式采用铺设两道双层 SBS 自粘性高聚物改性沥青类防水卷材。内壁和底板上部抹防水砂浆。

(3)测坑防水材料。测坑坑体内外由于长期与水土接触,坑体应考虑不变形、坚固耐久、耐腐蚀风化、防冻防渗的建筑材料,所以坑体采用 250 mm 厚抗渗钢筋混凝土现场浇筑。

(4)坑体边缘的处理。为了减少坑体边界条件的影响,导热性小,坑壁地面以上部分采用薄壁钢板,钢板厚 10 mm,高 30 cm,并涂白色油漆。坑壁露出地面的高度为 10 cm,其余 20 cm 埋入土中。

2. 附属设施

(1)测压管。在有底测坑底部设置测压管,管路通过反滤层下部进入廊道,用弯头、胶塞与带刻度测压玻璃管相接,来观察自然地下水位和控制地下水位变化情况。

(2)排水管。在测坑底部设有排水管,管上设可调节、控制、测定排水量的装置。滤层底板应向排水管倾斜。

（3）给水系统。试验用水由泵站供给,水压由变频设备控制。

（4）排水系统。地下观测室地面预留排水沟、集水池,废水进入集水池后由排污潜水泵排放至地面渠道。

（5）线路布设。照明插座线路均采用 BV 导线穿钢管或沿线槽敷设,水泵等动力设备以反射式配线,采用 YJV 电缆沿着电缆桥架敷设装修。

3. 遮雨棚

为了控制蒸渗器土壤水分条件,防止试验期意外降水补充,设置地上遮雨棚。为了节省空间,遮雨棚采用电动伸缩形式,总长37 m,伸缩二层分别为 18.8 m、18.2 m,即遮雨棚关闭状态时最长为 18.8 m,二组活动棚顶部采用透光性较好的阳光面板。边缘高度分别为 2.10 m、2.57 m,二层跨度分别为 13.35 m、14.75 m,二层防雨棚弧形顶棚角度分别为 34°、32°,可同时满足测坑蒸渗器区遮雨需要。遮雨棚设雨滴传感器可自动关闭。

遮雨棚为钢架结构,钢托架直径 12 mm,钢立柱采用 89 mm圆管,钢檩条采用 38 mm 圆管,横梁采用 38 mm 圆管。遮雨棚两端配 PVC 雨落排水管。两侧各设 6 个通风口,材质为白钢。

遮雨棚基础为条形基础,基础宽、高分别为 60 cm、160 cm,基础为 30 cm 水撼砂,砖砌 100 cm,30 cm 钢筋混凝土。在基础表面埋设预埋件,以便与轨道连接。

移动轨道采用轻型火车轨道。根据伸缩长度安装不同长度 2条双钢轨。安装时要用水准仪进行超平。每条轨道上安装 2 台电机和 2 台减速器。

4.5.2　设施农业大棚设计

为了进行温室作物的灌溉试验,在灌溉试验站内需建 2 座钢架结构的连栋智能温室大棚,坐北朝南,位于试验站办公生活区的北部,占地 6 124 m²。设施农业大棚将室外种植的农作物搬进室内,可人为控制温度、湿度,因此较传统农业生产而言具有减轻病虫害、天气灾害,错开上市旺季实现反季节生产,提高农作物品质等优势。

大棚试区拟采用国产 PC 板连栋智能温室。其形状为四连跨,单间跨度 8.0 m,开间 4.0 m,开间数为 18,檐高 3.0 m,顶高 4.7 m(最高点),长×宽为 72 m×32 m,建筑面积 2 329 m²,四周围护面积 733 m²,顶部围护面积 2 903 m²。温室性能指标:①风载:0.35 kN/m²,②雪载:0.55 kN/m²,③挂载:15 kg/m²,④抗震等级:设防烈度Ⅷ度。

温室主体采用热镀锌钢制骨架,顶部及四周采用进口聚碳酸酯中空板覆盖,入口设铝合金推拉门。根据试验作物和试验要求,温室配套设备包括完整的滴灌系统、渗灌系统、自控水肥温气系统、温室小气候自动采集系统和通风排湿设备、内遮阳系统、外遮阳系统、CO_2 补气系统、内循环系统、补光系统、计算机综合控制系统等。

整个温室外型美观,结构稳定,保温性能佳,排水能力强,采光面积大,室内光照均匀,透光率适中,主体使用寿命在 20 年以上。为了防止尘埃、昆虫、杂物等进入温室,在天窗通风口及湿帘外墙设置防虫网。

4.5.3 气象观测场

灌溉试验的因素与成果和气象条件密切有关,必须取得当地必要的气象资料。故《灌溉试验规范》(SL 13—2015)规定:除邻近(5 km 以内)有县级以上气象站,而且该站自然地理条件与试验站基本一致外,灌溉试验站都应建立气象观测场。

《地面气象观测规范 总则》(GB/T 35221—2017)规定,气象观测场面积采用 25 m×25 m=625 m²。气象观测场四周必须空旷平坦,边缘与四周孤立障碍物的距离,至少是该障碍物高度的 3

倍以上,距离成排障碍物,至少是该障碍物高度 10 倍以上。观测场四周 10 m 范围内不能种高秆作物。

按照《灌溉试验规范》(SL 13—2015)的要求,试验站内主要设置自动气象站,就能满足要求,因此在试验站中部设置 1 号标准气象站。此外,为了对气象数据进行对照分析,还在试验站的西侧设置了 2 号自动气象站。

为保护仪器安全,场地四周设 1.2 m 高的网状围栏,防止人畜进入。场内铺设 0.3 ~ 0.5 m 宽的小路,空地种植均匀、高度不超过 20 cm 的矮草。

对仪器布置总的原则为:各种仪器互不干扰,便于操作,安全可靠,间距适当,均匀,美观大方。具体要求是:高的仪器安置在北面,低的仪器安置在南面,东西排列成行;高的仪器之间,南北间距不小于 3 m,东西间距不少于 4 m,仪器距围栏距离不少于 3 m;观测场开门置于北面,仪器安置在紧靠东西向小路的南面。

具体气象仪器设备见表 4-8。

表 4-8   标准气象观测场仪器设备统计

序号	名称	规格	单位	数量	备注
1	风向风速仪	DEM6 型	台	1	
2	风向风速计感应器		台	1	
3	温度计	WS - 50	台	1	百叶箱
	湿度计		台	1	
4	干湿球温度表	WQG - 11	台	1	百叶箱
	最高温度表	WQG - 13	台	1	
	最低温度表	WQG - 18	台	1	
5	温湿度传感器		台	1	百叶箱
6	虹吸式雨量计	DSI - 2	台	1	

续表 4-8

序号	名称	规格	单位	数量	备注
7	雨量筒		台	1	
8	翻斗式雨量传感器		台	1	
9	蒸发桶、蒸发传感器	E601	台	1	
10	ϕ 20 cm 蒸发皿		台	1	
11	地面温度表及传感器		台	1	
	浅层地温表及传感器	WQG－6	台	1	
12	辐射表		台	1	
13	日照计		台	1	
14	深层地温表及传感器		台	1	
15	自动采集器	WSPRO	台	1	
	定槽水银气压表	DYm^2	台	1	
	气压计及传感器	DYm^2	台	1	
16	百叶箱		个	3	
17	围栏	$h=0.9$ m	m	110	
18	砂石路	$b=0.5$ m	m^2	62	
19	植草绿化		m^2	688	

4.5.4 地面灌溉试验区

地面灌溉试验区采用渠灌的灌溉方式,试验小区占地面积为 15 亩。主要试验作物包括玉米、小麦和冬枣等,可以开展灌水方法、灌水技术、需水规律、灌溉制度和灌溉效益等试验。其中,一些精细的探索性内容,需与测坑试验相配合。

4.5.4.1 小区数量

小区数量为处理数与重复数的乘积。本方案按照作物种类进行小区数量的初步设计。作物分为两种模式:一是小麦、玉米轮作;二是冬枣。同时,利用小区进行作物试验的项目中,以水肥耦合试验所需处理最多,因此按照水肥耦合试验计算小区数量。

小麦、玉米轮作试验中,计划安排 3 个试验品种、4 种灌水模式、2 种施肥制度。根据试验对成果可靠性与精度的要求,《灌溉试验规范》(SL 13—2015)的规定,小区对比试验的重复数不得少于 3 次,现采用重复数为 3 次。故需用小区数量为 $24 \times 3 = 72$。

冬枣试验中,计划安排 2 个试验品种、3 种灌水模式、2 种施肥制度。根据试验对成果可靠性与精度的要求,《灌溉试验规范》(SL 13—2015)规定,小区对比试验的重复数为 3 次。故需用小区数量为 $12 \times 3 = 36$。

4.5.4.2 小区面积、形状

按《灌溉试验规范》(SL 13—2015)规定,对于地面灌溉每个小区为 0.05~0.5 亩;小区形状以矩形为好,长宽比以 2:1~6:1 为宜。在以上范围内,再根据该站以往的试验经验,因此小麦、玉米轮作试验小区规格取用 15 m×4 m,面积为 60 m²(0.09 亩),长宽比为 3.75:1,长边顺东西方向;冬枣试验小区规格采用 25 m×6 m,面积为 150 m²(0.225 亩),长宽比为 4.17:1,长边顺东西方向;各试验区周边布设保护区,则地面灌溉试验区总面积按 15 亩设计。

4.6 工程管理

4.6.1 管理体制

灌溉试验站是政府投资兴建的致力灌溉节水、促进水利与农

业发展的水利基层服务组织,是水利基层服务体系的重要组成,属于小开河灌区管理局下属机构。

根据水利体制改革有关文件精神,机构编制委员会对水利工程水管单位进行了定性、定编、确定。

4.6.2 建设管理

工程建设要按照政府推动、分级负责的要求,根据滨州市的统筹安排,加强工程建设管理部门的领导,强化责任,明确任务,确保工程落到实处。积极争取中央资金对项目建设的支持力度,同时整合各部门投入,通过多渠道使工程建设资金得到保障。

工程的建设需严格按照工程建设四项制度的规定,即工程招标制度、工程项目法人负责制度、工程合同制确定责任、工程监理制度进行建设,以保证工程建设的质量。

小开河灌区管理局作为本次项目的建设法人,负责组织项目建设,对建设工程进行招投标,按工程进度下达建设资金计划,对建设资金实行报账式管理,确定有资质的工程监理单位对工程实施进行全面的监理,组织工程竣工验收,对项目的建设进行全过程的管理、监督,对出现的问题及时予以处理。同时,要向公众公布工程建设情况,接受群众监督。

工程施工中,要坚持以合同管理为主线,建立多级联控的质量保障体系。施工合同是工程建设质量的法律依据,合同中要明确严格的施工技术规范、质量标准,承包商、监理员必须严格按合同规定的技术要求和相关标准进行施工、验收。监理人员要全天候式检查验收承包商的所有施工活动和工艺过程,每项工序、工程完成后应先由承包商进行自检,自检合格后由监理人员验收签认,未经验收或验收不合格,不得进入下一道工序,不得拨付工程进度款,不得竣工验收。施工设备、材料需进行检测、评定,优先选用质量达标、价格优惠的正规厂家产品,对大型设备、大量材料应由政府统一采购,坚决制止施工材料以次充好,坚决打击材料采购活动中的腐败行为。

滨州市水利局负责国家专项资金的监督、检查工作,确保建设资金全部用于本项目建设上,对工程进展情况做全方位地跟踪、检查。

4.6.3 工程运行管理

4.6.3.1 工程管理办法

1.试验研究工作管理

试验研究工作管理为全站管理工作的主体与核心。其主要内容是实行项目负责制和严格执行观测制度与资料管理、归档制度。

1)实行项目负责制

对于上级下达的每项任务,均需确定项目负责人。任何具备申请项目资格、符合申请条件的研究人员均可用试验站名义向有关单位申请试验研究项目,并作为项目负责人。

项目负责人应掌握该项目的核心技术与理论,负责实施方案的制订,从项目的申报、实施到结题,主持全面工作,若有成果推广任务,配合示范推广工作的负责人开展示范推广工作。

项目经费拨至试验站后,由项目负责人支配经费的使用,由试验站财务人员负责管理,单独建账,专款专用。对项目组组员和聘请的专家、顾问,以及所使用的场地、仪器设备等由项目负责人提出,试验站给予支持与协助,以保证项目的顺利完成。

因项目试验失败造成的经济损失,由项目负责人负全责。

2)严格执行观测制度

为了确保各种试验数据观测的可靠性、准确性和及时性,需执行观测工作岗位责任制。观测工作必须遵循"三定""四及时"的原则。"三定"即定观测时间、定观测仪器、定观测人员;"四及时"即及时观测、及时记录、及时整理、及时校核。不准迟测、漏测、误测。避免经常改变观测仪器,更改观测人员,从而导致系统误差。

对当天的观测数据,必须及时整理和校核,经过三级校核无误后妥善保管。观测人员将原始观测数据校核后交由技术员复核,填入正规表格后,再交由技术负责人复核,复核后的数据记录输入电脑,并留纸质备份。观测人员、校核人员及技术负责人都必须及时在观测记录及校核记录上签字。对于气象观测,需按《地面气象观测规范　总则》(GB/T 35221—2017)中的要求进行观测。各类仪器、设备,需严格按其说明书中的方法、要求使用。

3)严格执行资料管理、归档制度

试验资料是试验项目的最宝贵成果,必须按制度妥善保管。忽视资料管理是以往灌溉试验工作中的一个普遍而严重的问题,因此丢失了耗费大量人力、物力、财力而观测到的资料,今后必须严格执行资料管理归档制度,克服此缺陷。

灌溉试验资料归档范围:站址基本情况资料以及所在地区的自然条件、农业生产和社会经济状况资料;试验场地的规划、设计、施工和改建的资料和图纸;历年各项灌溉试验的调查、观测原始记录以及计算手稿、草图、实物标本照片、录相带、幻灯片等;历年各项灌溉试验研究的依据性文件(试验的报告、研究计划、任务书、委托书、协议书、合同书、论证报告、审批报告和专家意见等)、中间性文件(年度试验报告、阶段试验报告或小结等)以及成果性文件(课题试验总结、论文、成果申报书、成果鉴定书或评审意见书等);灌溉试验研究仪器和设备清单;试验过程中所形成的各类电子文件;其他(试验产品及其说明书、出版物等)。

灌溉试验研究的科技档案必须实行统一管理,有专人负责。灌溉试验研究的科技档案材料的形成、积累、整理和归档应符合国家科技档案管理的有关规定。

执行期少于两年的试验课题的材料,应在课题完成后归档。执行期超过两年的试验课题的材料,除在课题全部完成后归档外,还应在试验过程中每两年归档一次。试验原始资料归档1份,其复制品归档 1~2 份;电子文本要归档 2 个备份。

4) 数据采集点运行

灌溉制度监测:包括灌水次数、灌水时间、每次灌水定额及灌溉定额。对于滴灌,水量的监测采用水表自动计量;对于地面灌水方法,选择一定面积的农田,建立独立的田间渠道系统,进行灌溉水量监测。

灌水效率监测:包括灌水前后的田间水平方向及垂直方向的土壤水分布。在水平方向,应每隔 20 m 选择一个观测点,每个点在垂直方向上应按照每 20 cm 深度进行观测或取样,直到样本的最大根深。检测时间为灌溉前至灌溉停止后的第一天。但两种灌水方法的灌溉时间应相同。当灌溉时间不同时,在一种作物进行观测时,应同时对另一种作物进行观测,并应注意观测进行作物腾发量推算所需要的水量平衡要素。

作物产量监测:对所选区域进行作物产量监测。

投入要素监测:对所选区域进行灌水量、耗电量、种子、肥料、农药、其他消耗的监测。

作物品种的监测:当两种灌水方式对作物的品种可能产生影响时,应进行作物品种质地分析和监测。

在每个观测点都要布设田间水利用系数观测点和作物产量水平及投入产出观测点,以观测不同灌溉田间下的灌溉水分利用效率、灌溉效益及投入产出情况。

2. 示范推广、业务学习与对外服务工作管理

1) 示范推广管理

在站长统一部署下,与有关试验研究项目组负责人共同研究、确定所推广的技术、推广应用的地点与范围以及推广经费的安排与使用办法。与推广区有关干部、技术人员研究、确定推广的方式方法、制订推广计划。通过举办培训班,编写、印制与发送简报、手册等宣传手段向推广区相关人员传授、宣传推广的技术、做法、要

求及效果。作为推广技术的负责单位与负责人,负责推广任务的执行、推广资料的观测、调查、统计与分析总结工作。

与有关试验研究项目组配合,开展示范区的各项观测工作和试验站内新技术的展示工作。组织推广区干群至示范区、试验站参观、考察。

2)业务学习管理

除组织和举办推广地区干部群众的新技术业务学习班以外,每年组织 1~2 期灌溉试验或灌溉用水管理技术业务学习班,以及 1~2 次国内外专家的技术报告会或学术讲座。

3)对外服务的管理

负责对外服务项目(包括节水灌溉工程的试验研究、技术咨询等项目)的投标工作。与有关试验研究项目组共同完成已承担的对外服务项目。以刊物、画册、简报、互联网网页等形式提供与发布节水灌溉技术的最新信息,向社会展示、宣传试验站条件与功能,以争取获得对外服务项目。

4.6.3.2　人员条件

小开河灌溉试验站目前共有专业技术人员 9 人,从专业技术结构出发,包含了水利、农水、水利工程、计算机等。试验站人员长期从事黄河三角洲地区农业灌溉用水生产与管理工作,参与及承担多项科研任务,积累了丰富而宝贵的生产与科研资料,可为小开河灌溉试验站工作顺利开展提供智力支撑。

4.7　工程进度安排

4.7.1　施工条件

试验站紧邻永馆路,施工交通运输方便。项目区施工用水、用电有保证。

4.7.2　施工布置

工程主要以测坑和实验室修缮为主,料场安置在测坑试验区的北侧。工地供水及生活用水利用试验站的水源。施工所用动力电源可直接从试验站机电井房引用。

4.7.3　施工进度安排

试验站分期建设的基本原则是基础设施先建,仪器设备后配;同时考虑建设工程施工次序的相互影响,争取减少不利影响和便利施工。

第一年,完成测坑、防雨棚、实验室修缮、围墙、试验道路、数据采集点、水源水泵及首部系统及供电系统等基础设施建设。

第二年,完成气象站、地面灌溉区、水田试验、滴灌试验区、微咸水灌溉试验区、设施大棚、灌溉系统、排水系统等基础设施,以及办公设备和试验仪器设备等购置。

5　效益分析和保障措施

灌溉试验站是政府投资兴建的致力于灌溉节水、促进水利与农业发展的公益性事业单位,是为水利工程规划、设计和运行管理提供科学的基础数据,并为当地的高产、高效和优质的农业生产目标服务的基层水利服务组织,是水利基层服务体系的重要组成。其效益主要为间接性的经济效益和社会效益,考虑间接经济效益难以量化,本次仅对经济效益定性评价。

5.1　效益分析

5.1.1　经济效益

项目建成后可开展作物需水量、灌溉制度、灌水方法对灌溉效益及投入产出情况的试验和分析,拟定出一套投入费用少、用水成本低、人力耗费小、作物产量高的灌溉技术,并通过将灌溉技术推广到实际应用中去,可大大减少农业灌溉成本、提高农作物产量,达到农业增产和农民增收的效果。

5.1.2　社会效益

5.1.2.1　促进农业现代化

灌溉试验站的试验工作可提供大量的灌溉试验数据和科研成果,为农田水利健康发展,特别是灌溉工程规划、设计,水资源的优化配置和灌溉用水管理提供重要的依据。先进的农业科学技术可大力推广,对于推动当地农民生产的现代化、提高农业生产水平具有重要作用,并将进一步优化农业产业结构,加快推进生态农业产业化,促进农业现代化。

5.1.2.2 促进节水型社会建设

农业用水是用水大户,农业节水是节水型社会建设的重中之重。本工程的实施,有助于科学地研究农作物的需水、灌水规律;系统的灌溉试验,特别是高效节水灌溉试验,有助于提高农业灌溉水利用系数,可进一步提高农业用水效率,实现农业节水,确保农业用水总量与自治区用水总量要求相协调,落实好最严格的水资源管理制度,促进节水型社会建设。

5.1.2.3 提高区域灌溉发展水平

本试验站是全国灌溉试验站网的组成部分,除进行基本的试验观测外,还将直接参加或承担全国性的试验攻关项目、结合地区特色开展试验研究项目。试验站的试验研究将对提高黄河三角洲地区灌溉事业的发展发挥巨大的效益。

5.2 保障措施

5.2.1 明确管理责任

灌溉试验站网建设应急方案由各有关省(区、市)分别组织实施,实行省(区、市)负责制。各有关省(区、市)建设项目分别由各自省级水行政主管部门负总责,各省(区、市)灌溉试验中心站组织实施,水利部负责行业监督,水利部灌溉试验总站提供技术指导。

5.2.2 加强建设管理

灌溉试验站点建设实行项目法人责任制。由本省(区、市)行政主管部门明确项目法人,按照建设管理应急方案的内容和要求,组织或委托编制本省(区、市)灌溉试验站点实施方案或初步设计,仪器设备等实行统一招标或政府采购。水行政主管部门、项目法人等按照各自职责,加强对项目审查与审批、仪器设备采购、工程施工、资金使用与管理等环节的管理,确保工程质量和资金安全。项目建设结束后,由本省(区、市)行政主管部门组织验收,水利部适时组织抽查。

5.2.3 进一步落实人员和运行经费

按照新的灌溉试验工作任务和《灌溉试验规范》(SL 13—2015)的要求,进一步落实和优化灌溉试验人员,合理配置专业技术人员,保持人员的相对稳定,加强人员的技术培训。灌溉试验运行经费由省级水行政主管部门通过争取同级财政支持等渠道解决,加大落实力度,确保试验站网建成后能正常运行。

5.2.4 建立健全灌溉试验工作及成果应用保障机制

各省(区、市)灌溉试验站网实行在行业主管部门的指导下,由水利部灌溉试验总站对各省(区、市)中心站、中心站对重点站进行技术指导的管理体制。围绕灌溉试验站的工作任务,健全灌溉试验工作年度计划制订、组织实施、成果报送、检查考核等工作制度,提高灌溉试验工作的制度化管理水平。建立灌溉试验成果应用保障机制,及时推广运用灌溉试验成果,并把是否运用最新灌溉试验成果作为审批有关文件的重要依据,以发挥灌溉试验工作的基础和指导作用。

参 考 文 献

[1] 王修贵,崔远来.灌溉试验站规划的有关问题[J].中国农村水利水电, 2003(11):8-12.

[2] 刘长军.山东省灌区灌溉试验站的建设情况[J].灌溉排水,1991(4): 60-61.

[3] 潘保中.我国灌溉试验站(点)情况简介[J].灌溉排水,1991(3):63.

[4] 李志军,蔡焕杰,张富仓,等.陕西省灌溉试验站网建设存在问题及建议 [J].陕西水利,2013(6):165-166.

[5] 刘昌辉,陈彦东.发挥灌溉试验站的指导作用 做好科学灌溉用水工作 [J].农田水利与小水电,1993(4):19-21.

[6] 李金玉.山西省灌溉试验站网建设的现状与建议[J].科技情报开发与 经济,2009,19(30):113-114.

[7] 贾云茂.山西省灌溉试验站发展对策探讨[J].山西水利,2008,24(6): 80,89.

[8] 刘长军.山东省灌区灌溉试验站的建设情况[J].灌溉排水,1991(4): 60-61.

[9] 丁洁,胡柳明.一种新的节水灌溉技术和一个新型的灌溉试验站[J].水 利经济,1991(2):57,63-64.

[10] 张瑞涵.气候变化条件下黄河流域的作物灌溉需水量[D].西安理工 大学,2019.

[11] 彭少明,王煜,蒋桂芹.黄河流域主要灌区灌溉需水与干旱的关系研究 [J].人民黄河,2017,39(11):5-10.

[12] 孟令春,张冬玲.灌溉试验站场地的选择与规划布置[J].河北农业科 技,1981(6):23.

[13] 蒋桂芹,王煜,靖娟.黄河流域最小保有灌溉需水量预测[J].人民黄 河,2017,39(11):30-33.

[14] 侯红雨,王洪梅,肖素君.黄河流域灌溉发展规划分析[J].人民黄河,

2013,35(10):96-98.

[15] 雷鸣,贾正茂,肖素君.黄河流域农业灌溉发展规模研究[J].人民黄河,2013,35(10):99-103.

[16] 邢相军,王金霞,张丽娟.黄河流域灌区的灌溉管理改革进展及影响因素研究[J].安徽农业科学,2010,38(25):14098-14102.

[17] 李英能.黄河流域灌溉农业节水技术模式及发展对策[J].中国水利,2006(5):24-27.

[18] 于涛,何大伟,陈静生.黄河流域灌溉农业的发展对黄河水量和水质的影响[J].农业环境科学学报,2003(6):664-668.

[19] 栗志.黄河流域灌溉发展史简述[J].人民黄河,1997(3):55-58.

[20] 刘争胜,魏广修,陈红莉,等.黄河流域灌溉与供水效益分析[J].人民黄河,1996(12):45-46,53.

[21] 王建中.黄河流域灌溉发展成就与前景[J].人民黄河,1996(2):1-5,26,61.

[22] 徐长锁.黄河流域灌溉现状、问题与对策[J].人民黄河,1993(4):40-42.

[23] 肖俊夫,宋毅夫,秦安振,等.新时期我国现代灌溉试验工作展望[J].水利发展研究,2019,19(9):34-37.

[24] 蒋尚明,曹秀清,金菊良,等.基于仿真模拟的江淮丘陵区塘坝灌溉系统水资源优化调控研究[J].应用基础与工程科学学报,2019,27(3):520-534.

[25] 李亚龙,袁念念,范琳琳,等.浅谈灌溉试验站建设与运行管理[J].长江科学院院报,2018,35(9):154-158.

[26] 谢文辉.信息化条件下灌溉试验站长效运行机制的探索[J].陕西水利,2018(S1):76-77,80.

[27] 于明.位山灌区加强灌溉试验项目建设探讨[J].山东水利,2018(4):72-73.

[28] 李海臣.浅析阿勒泰地区新时期灌溉试验站发展[J].陕西水利,2017(S1):22-23.

[29] 李志军,蔡焕杰,张富仓,等.陕西省灌溉试验站网建设存在问题及建议[J].陕西水利,2013(6):165-166.

［30］李金玉.山西省灌溉试验站网建设的现状与建议［J］.科技情报开发与经济,2009,19(30):113-114.

［31］王建漳,陈金山,潘艳群.团林灌溉试验站持续发展的启示［J］.水利建设与管理,2008,28(9):106-108.

［32］刘长军.山东省灌区灌溉试验站的建设情况［J］.灌溉排水,1991(4):60-61.

［33］梁志宸.河南省灌溉试验站网建设的思考［J］.河南水利,2005(9):33.

［34］吕成长,陈苏春.灌溉试验站的总体规划和观测方法［J］.排灌机械,2005(2):27-28.

［35］李恩羊,王昌翼,黄善明.灌溉试验站网规划方法初探［J］.农田水利与小水电,1994(3):9-13.